空间与机制
设计作为批判性思考的媒介
Space and Mechanism
Design as Critical Thinking

廖橙　许牧川　陈瀚　编著

中国建筑工业出版社

前言

Preface

广州美术学院是全国首批开设"环境艺术设计"课程的高等院校。自 2007 年起，建筑艺术设计学院开始了以"工作室制"为基础的环境设计专业毕业设计教学组织模式的研究与实践。室内设计工作室将"室内"理解为内部空间所代表的一种秩序，它不只存在于技艺与艺术原理所营造的形式美感和感知体验中，更存在于如罗宾·埃文斯所描述的视觉性事物（Things Visual）和社会性事物（Things Social）之间的强烈互动中。工作室通过研究和批判性思考揭示隐匿在空间日常性之中的那些不易被察觉的矛盾，描述新型社会环境的空间及蕴含其中的人类关系与情感的本质。
由陈瀚副教授、许牧川教授与廖橙博士合作成立的室内设计工作室拓展研究小组，在 2021 年至 2024 年将研究议题拟定为"生产·异化"。"生产"（Production）是指一切社会组织将输入转换为输出的过程，可以分为"生活资料的生产""物质生活的生产""思想、观念、意识的生产"等不同的方面（马克思和恩格斯，1845—1846 年）。"异化"（Alienation）亦是一个社会学概念，指主体在发展到一定程度后，逻辑性地形成了自己的一个对立面，再被这个对立面支配的过程，阐释了自我与世界的关系的结构性扭曲。这一议题既是对当代新异化的关切，又是对于全球劳动力格局变化的观察：线上互动接受度提升、自动化和人工智能技术部署加速等现象的背后是生产力、分工和个体间交往等诸多因素的变化，这些将提供知识生产的未来模式。研究试图回应以下问题：
（1）当代生产模式如何扩展"异化"的内涵和维度？
（2）"异化"的一些关键维度是如何在空间层面被经验的？
（3）如何通过"空间"调节生产和生活方式，提出新的空间范式以及未来城市生活的可能性？

本书展示部分学生的毕业设计，提供可以探讨的样本。"调查"部分是以"设计研究"为主要内容，通过文献阅读、空间范式研究、社会调研的综合调查，发现现实中的潜在问题并发掘问题背后的动因。"构想"部分呈现"批判性设计"，以建筑学和社会学的交叉领域为基础，建立起思想框架，从空间的维度进入城市生活之中，提供改善当代劳动关系、生产模式、社会机制的空间策略、愿景与模型，重建日常工作与生活。

本书受广州美术学院一流课程品牌与空间（6040320118）资助。

目录　　　　　　　　CONTENTS

前言　Preface

引介	Introduction	....	8-13
调查	Research	....	14-125
构想	Project	....	126-249
评语	Critic	....	250-259

引介

Introduction

空间与社会

"日常事物里包含着最深的玄机。"
——罗宾·埃文斯,《人物、门、通道》(Figures, Doors and Passages), 1978

研究试图阐明某类空间范式在新旧社会关系中发生与转变的过程。除了建筑学、设计学之外,研究还引入了人类学、社会学等学科的理论与工具,理解空间及人对空间的使用方式,挖掘在日常使用的"虚幻"背后,空间组织的内因与空间格局对人类施加的权力,从而培养一种对设计的反思能力。研究有两条主要路径:①通过对空间类型的研究透视隐藏在某一空间范式之中的社会机制;②探究合理化的秩序如何通过建筑的规范化设计塑造人的行为规范。

场域与线索

粤港澳大湾区（GBA，以下简称"大湾区"）是香港特别行政区、澳门特别行政区和广东省广州市、深圳市、珠海市、佛山市、惠州市、东莞市、中山市、江门市、肇庆市组成的城市群。大湾区建设是新时代国家改革开放下的重大发展战略，对国家实施创新驱动发展和坚持改革开放具有重大意义。作为中国最具活力和最重要的地区之一，大湾区在敏捷技术、生物技术、医疗技术和创新领域拥有丰富的初创企业、孵化器和加速器生态系统，汇聚了中国最具创新力的科技公司，如华为、大疆创新、比亚迪、广汽集团和腾讯（微信母公司）等。

改革开放以来，大湾区的创新发展让"珠江三角洲经济区"的概念和费孝通先生提出的"珠三角模式"县域发展范式实现了一次当代进阶。议题"生产·异化"以大湾区创新生产的发展背景为一条线索，关注城市及城市边缘地区的新型机构与空间变革，以"科创基地"和"游戏产业"两个具有典型性的机构作为重要空间样本展开讨论。

子议题

科创基地

"科创基地"的子议题聚焦于松山湖国际机器人产业基地。该基地发起人李泽湘教授与他的同事、学生联合创办了固高科技、大疆创新和李群自动化等知名科技企业。6 年以来,依托于大湾区的产业基础,基地孵化了超过 60 家机器人及智能硬件创业团队或公司,覆盖工业、农业、智能家居 &IoT& 消费品、环保大健康等领域。"科创基地"探讨的便是在大湾区科创发展背景下,跨学科项目驱动的产学研模式、知识生产带来的新型空间范式及其如何制造湾区"景观"。

游戏公司

大湾区是全球游戏产业的高地。电子设备制造、互联网平台、在线文化娱乐等新型数字经济是地区发展的重点领域之一。"游戏公司"的子议题涉及数字时代的诸多热点议题。在游戏创作端,企业面临着当下技术迭代带来的挑战与机遇,不断加速生产新内容、新体验,并建立新的经济生态。与此相伴的是新的工作方式和工作环境等新问题。"游戏公司"讨论的即是这一系列发展与空间的互动。

调查

Research

01

科创孵化基地的知识生产与日常生活

张津萌　杨亮东

"生产空间"/"非生产空间"

随着大湾区科技创新孵化基地的不断发展，孵化效率与成功率的重要性日益显现。在科创孵化基地的田野调查中以"生产空间"和"非生产空间"为观察对象，研究其中的知识生产与日常生活。

共同体

调查引入"共同体"这一概念对创业者知识生产和日常生活之中的各种现象进行描述和解释，探索构建共同体的要素——"人"与"物"在不同孵化阶段的互动关系，总结科创孵化基地的生产机制与空间原型。

背景

东莞松山湖国际机器人产业基地

东莞松山湖国际机器人产业基地作为全国创业孵化示范基地,自成立以来,已经成功孵化机器人及相关行业的创业企业60余家,先后引进了大疆创新等近百家孵化实体,孵化成功率近80%,远远高于全省乃至全国平均水平。

孵化流程　　　体验期 ——— 孵化项目

项目探索期

- 团队建设
- 评估调研
- 样机测试

评估 ｜ 反馈

项目评估

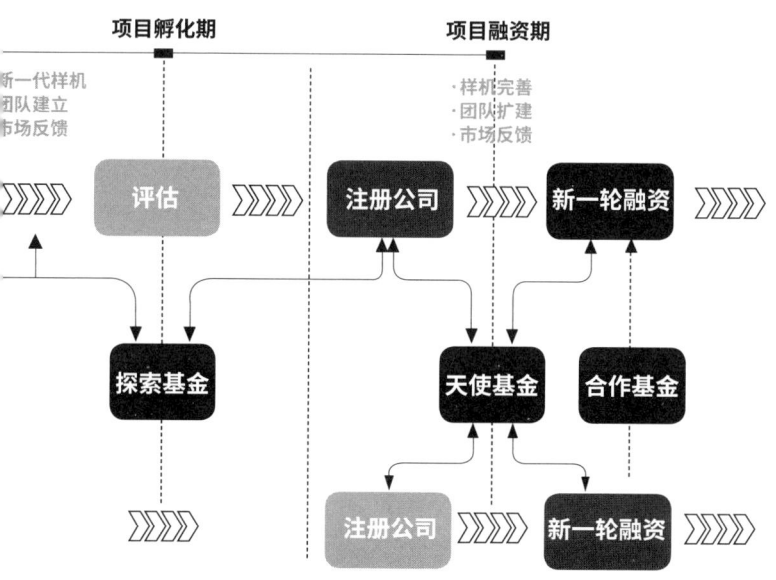

初创企业

项目孵化期 | 项目融资期

- 新一代样机
- 团队建立
- 市场反馈

- 样机完善
- 团队扩建
- 市场反馈

评估 ▶▶▶ 注册公司 ▶▶▶ 新一轮融资 ▶▶▶

探索基金 → 天使基金 ← 合作基金

注册公司 ▶▶▶ 新一轮融资 ▶▶▶

孵化基地的新范式

松山湖自动机器人孵化基地推翻传统的"大学""孵化基地"的模式,利用已经建立起来的明星效应及成功案例的可复制性,吸引大量创业者加入,通过科创夏令营及提供资本培训,拓展、孵化出新的劳动力,以此建立一种新范式。

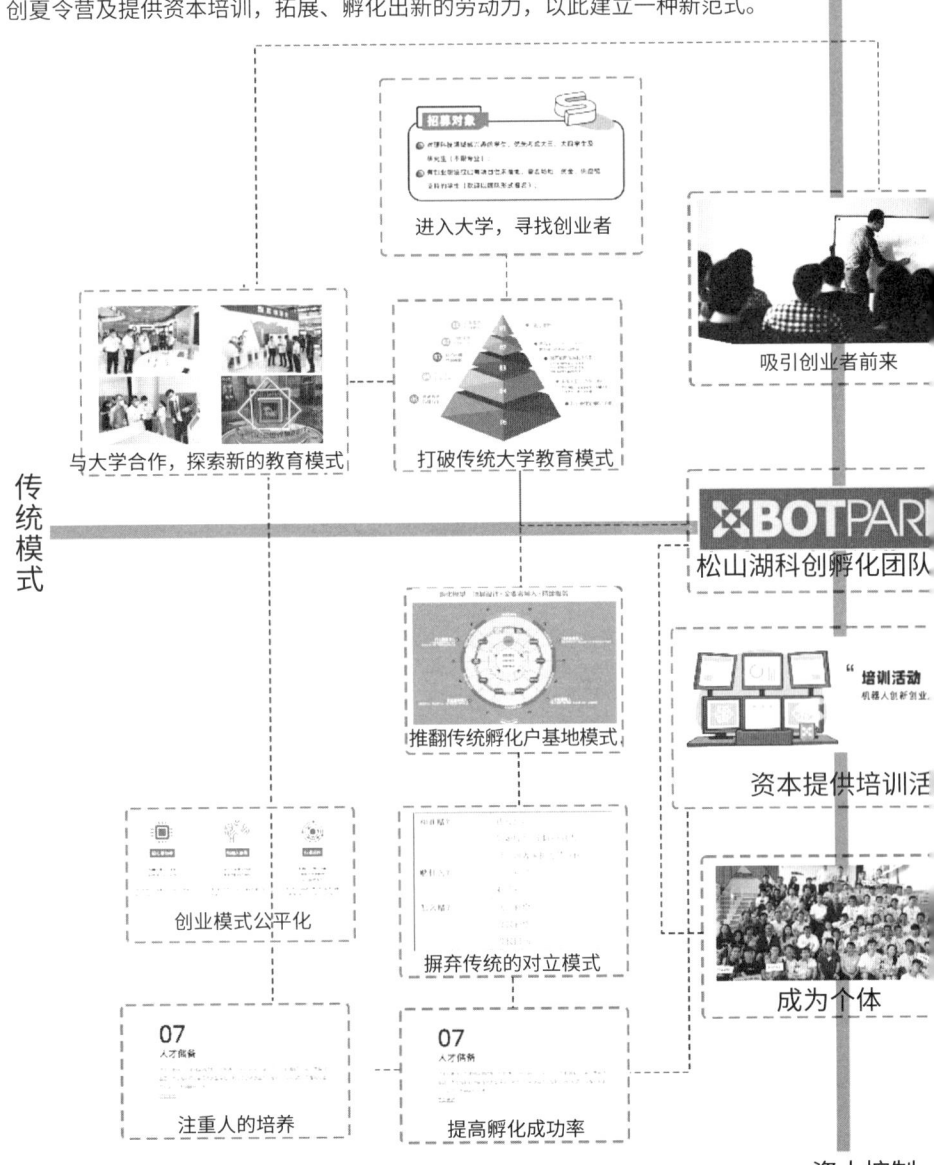

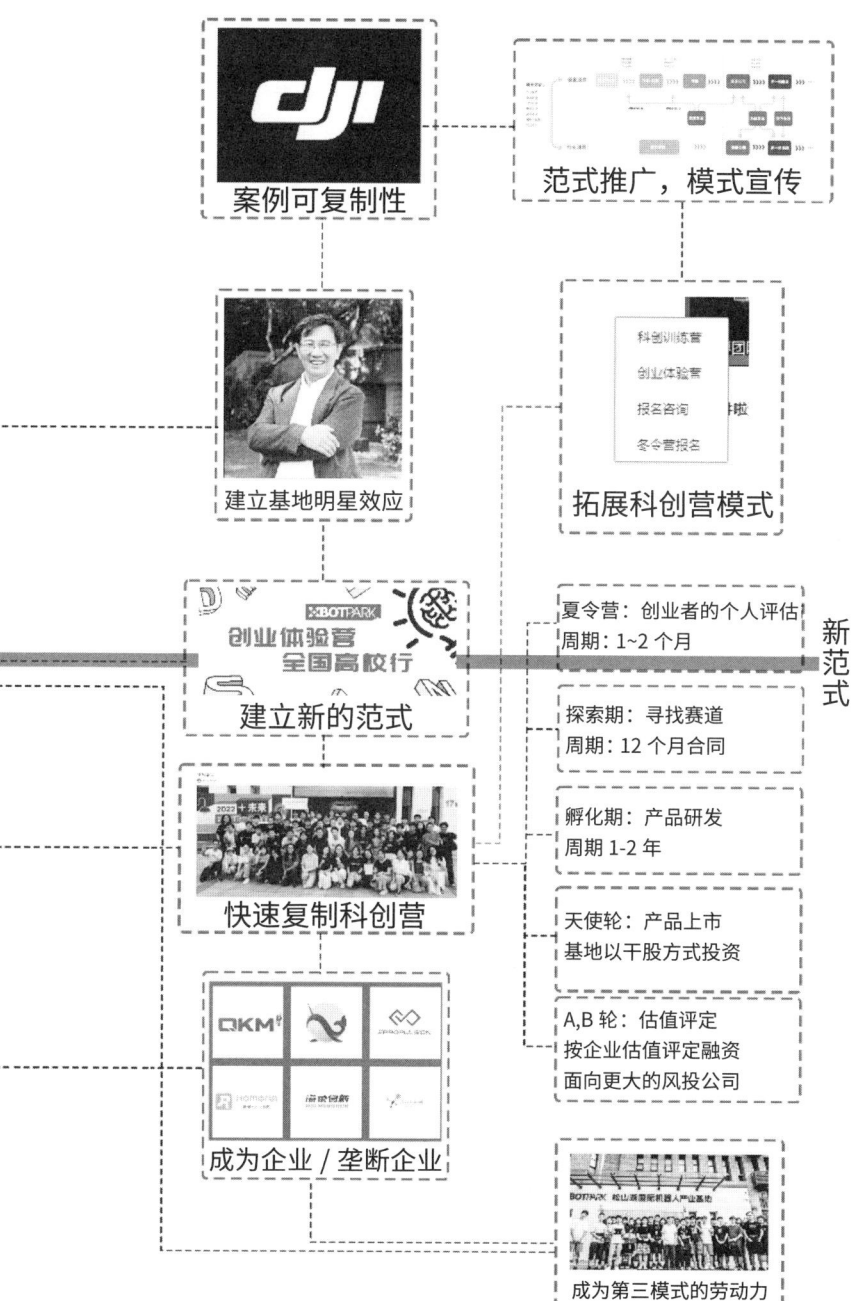

松山湖自动机器人孵化基地

17A 办公楼概况

1F：大型车间、展览厅
2F：李群自动化办公空间
3F：李群自动化办公空间、其他公司办公空间、食堂、台球桌、乒乓球桌
4F：科创孵化团队办公空间、行政办公空间
5F：李群自动化办公空间

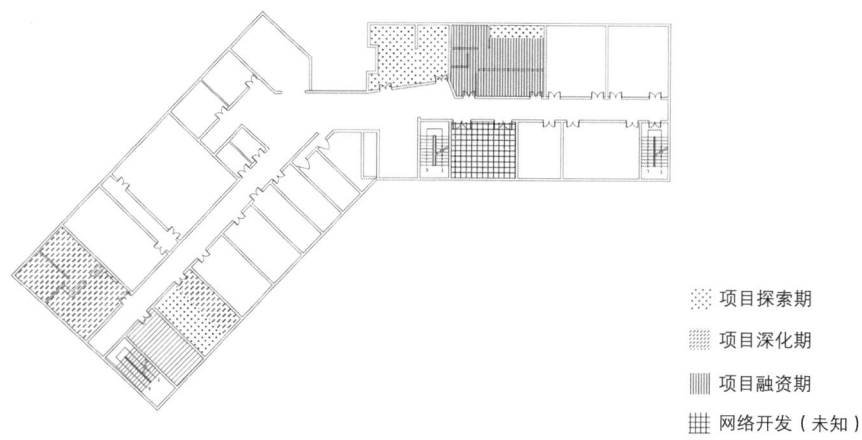

项目探索期
项目深化期
项目融资期
网络开发（未知）

创业团队分类及研发产品

探索期团队：自动烘干机、咖啡机
孵化期团队：厨房清洁自动化、情趣用品、洗碗机、
　　　　　　洗脚机、扫地机器人
天使投资：机器狗、自动洗车、桌面机器人、烧烤机
未知团队：家居团队、网络开发

生产空间 / 非生产空间

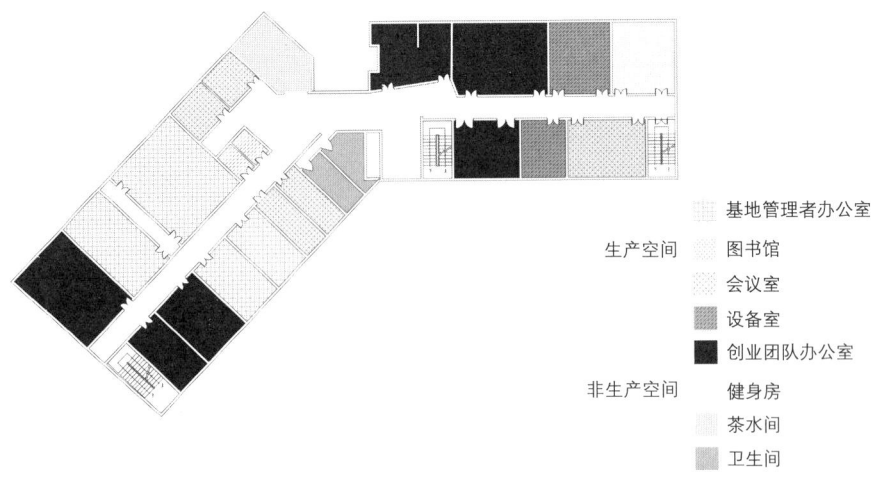

知识生产——生产空间

会议室（6个）
基地管理办公室（4个）
创业团队办公室（7个）
图书馆
3D打印室

日常生活——非生产空间

茶水间
健身房+木工室
卫生间
前台（2个）
公共休息区
电梯、安全楼梯（2个）
通道

时间表——生产空间与非生产空间的使用与转换

将团队、个人作为观察对象，观察团队之间的工作状态以及内容和空间性质的改变。我们发现同一个空间的生产或非生产的性质会经常转换。生产空间与非生产空间之间的边界转换会受到工作场景、内容、状态（交流或独立）和需求的影响。此外，我们发现在科创孵化基地中，很多非生产行为会发生在生产空间中，例如办公室。

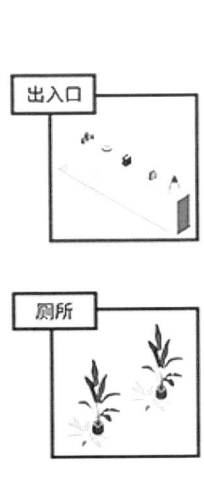
  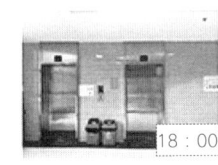

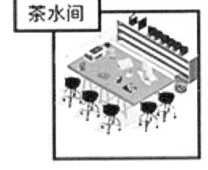

 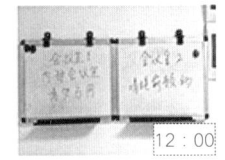 

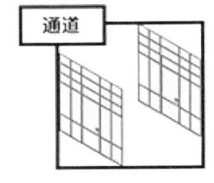

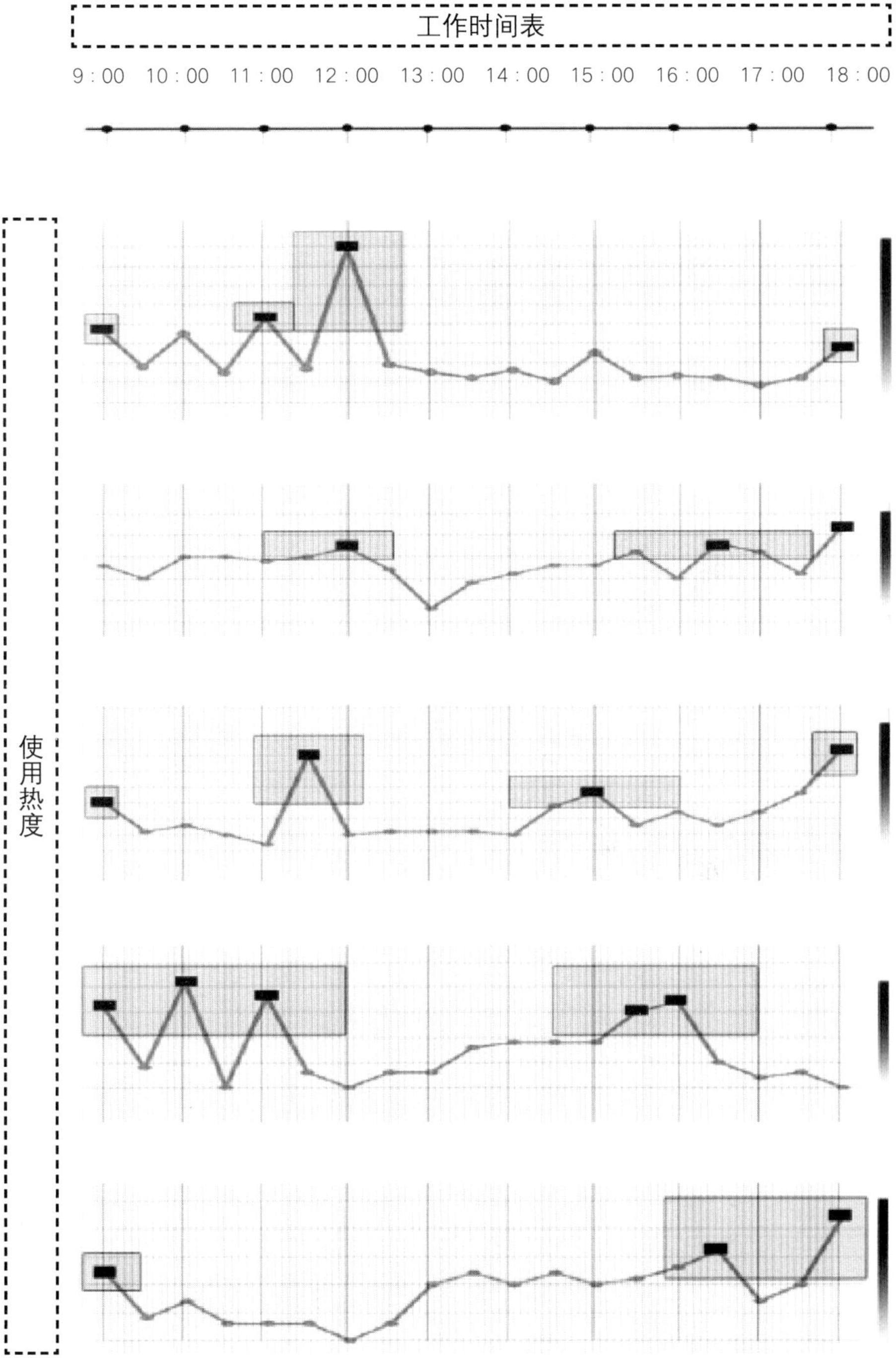

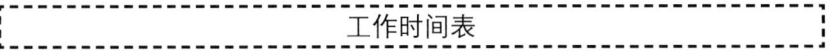

工作时间表

9:00　10:00　11:00　12:00　13:00　14:00　15:00　16:00　17:00　18:00

使用热度

29

孵化过程

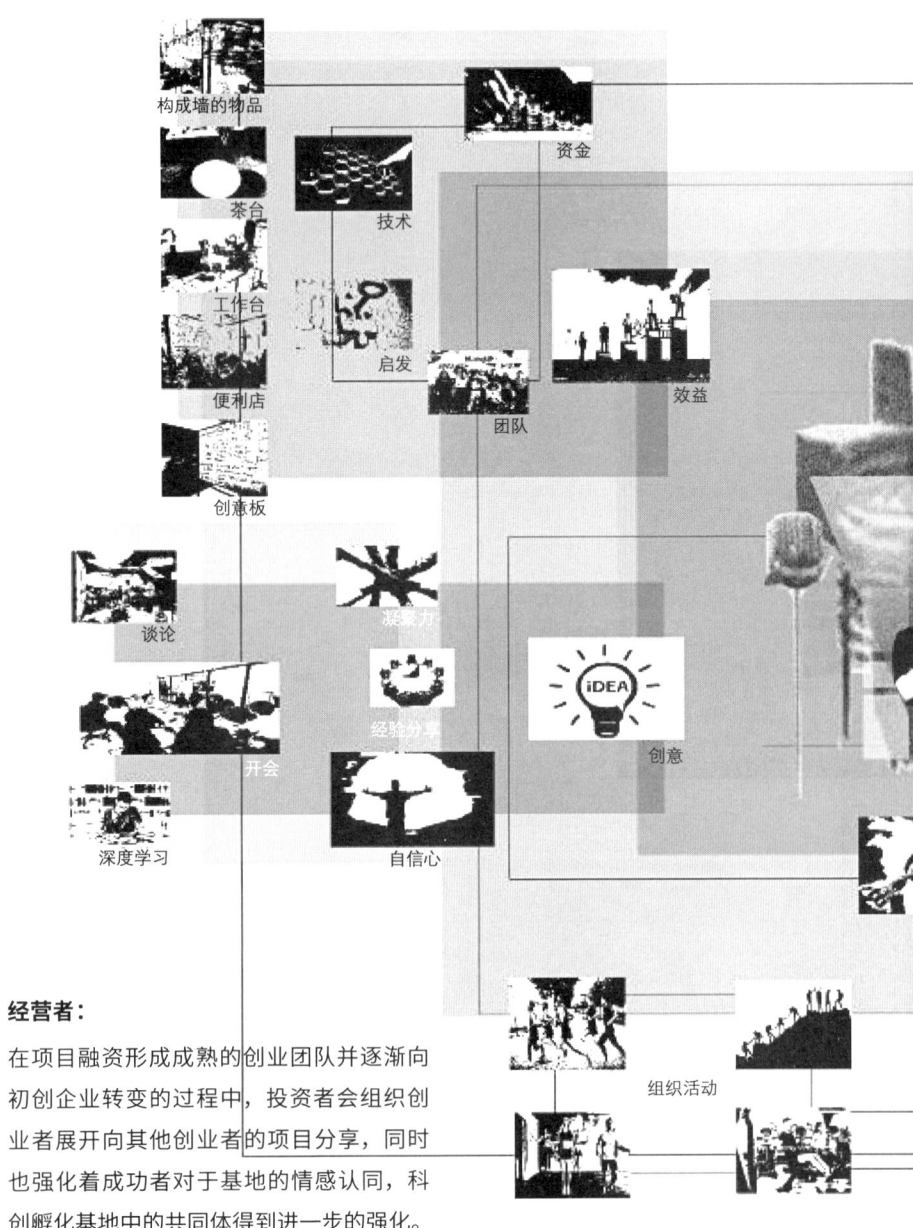

经营者：

在项目融资形成成熟的创业团队并逐渐向初创企业转变的过程中，投资者会组织创业者展开向其他创业者的项目分享，同时也强化着成功者对于基地的情感认同，科创孵化基地中的共同体得到进一步的强化。

经营者：

在项目深化阶段，投资者通常会开展一些拓展活动并提供共享交流平台，孵化基地中的共同体逐渐得到强化，激发着创业者对于知识生产的动能，逐渐提升创业基地的孵化成功率。

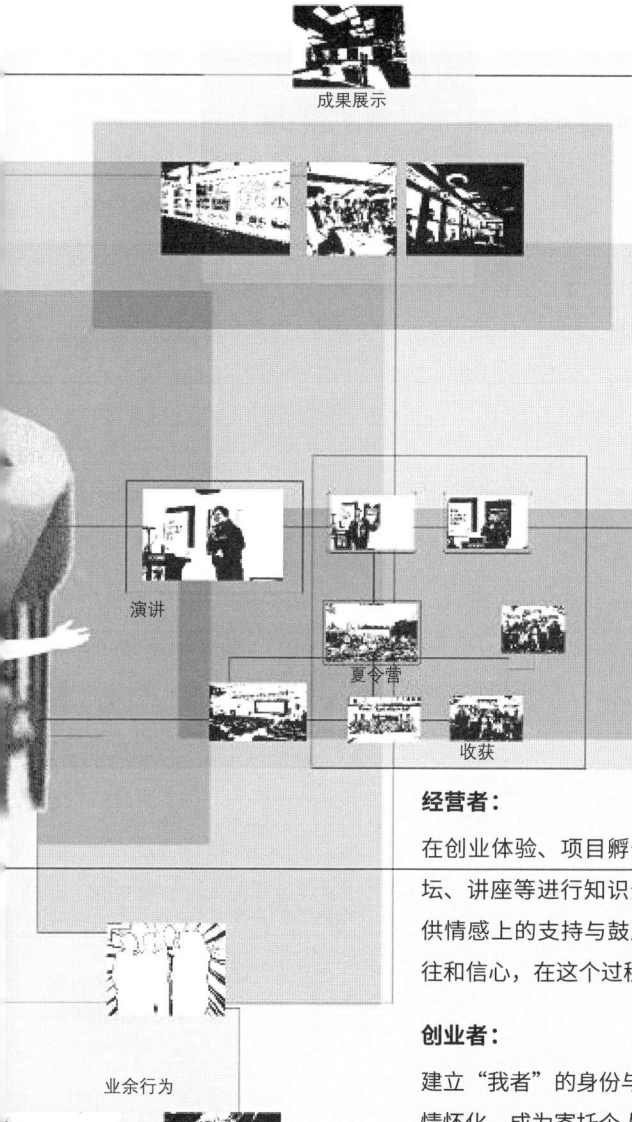

经营者：

在创业体验、项目孵化的过程中，投资者经常举办论坛、讲座等进行知识分享或成功孵化项目的分享，提供情感上的支持与鼓励，以激发创业者对于成功的向往和信心，在这个过程中，科创"共同体"逐渐形成。

创业者：

建立"我者"的身份与场所认同感。创新创意空间得以情怀化，成为寄托个人情怀和生活希望的场所，获得群体认同感并传播创造的激情和积极向上的情感。创业者在交流中获得自我肯定的情感力量和对未来的信心。

"共同体"的构建及其要素

构成松山湖科创孵化共同体的关键要素：人、物件、场所

在共同体构建过程中涉及的人—物件—场所，在共同体逐渐形成和不断强化的过程中会与创业者的知识生产、日常生活产生相互作用。相关的人—物件—场所会在不同的孵化阶段体现出不同的状态以及功能。本研究将针对投资者有关"人"的情感治理，以及知识生产和日常生活必备的"物件"生产、生活要素，讨论其在不用阶段的空间中体现出的不同功能性质和特点。

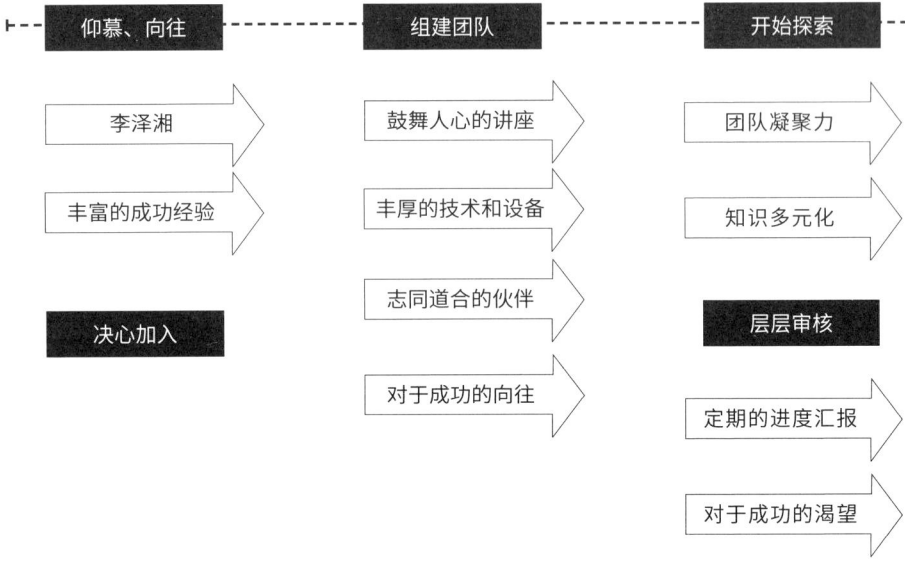

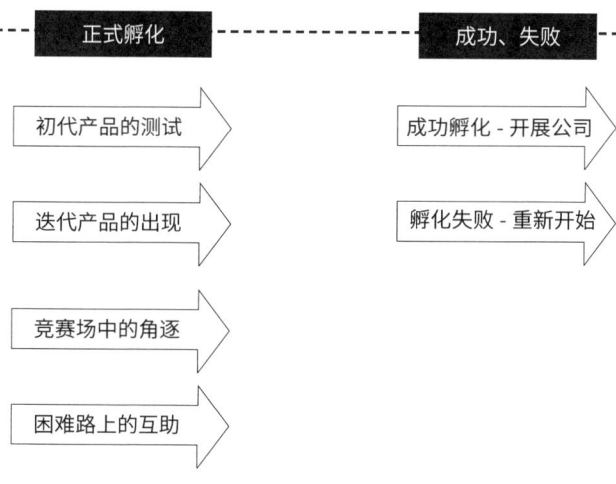

33

关于"物"

第1阶段——体验期

体验期以吸引更多创业体验者为主要目标,通过参观、培训吸纳人才,提升项目数量。开放的空间为人才吸纳提供充足的机会。强调构建开放、共享的知识平台,空间功能以展览、演讲、知识分享为主,作为投资者,提供进行情感治理的空间。

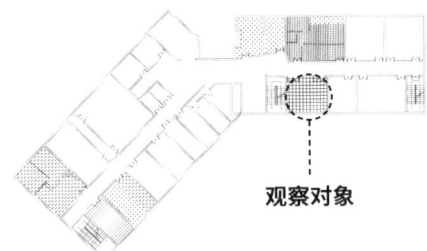

观察对象

团队名称:无
团队人数:若干
团队方式:混合办公

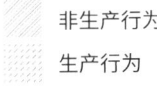

非生产行为
生产行为
● 独立
◉ 交流

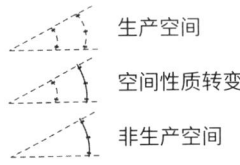

生产空间
空间性质转变
非生产空间

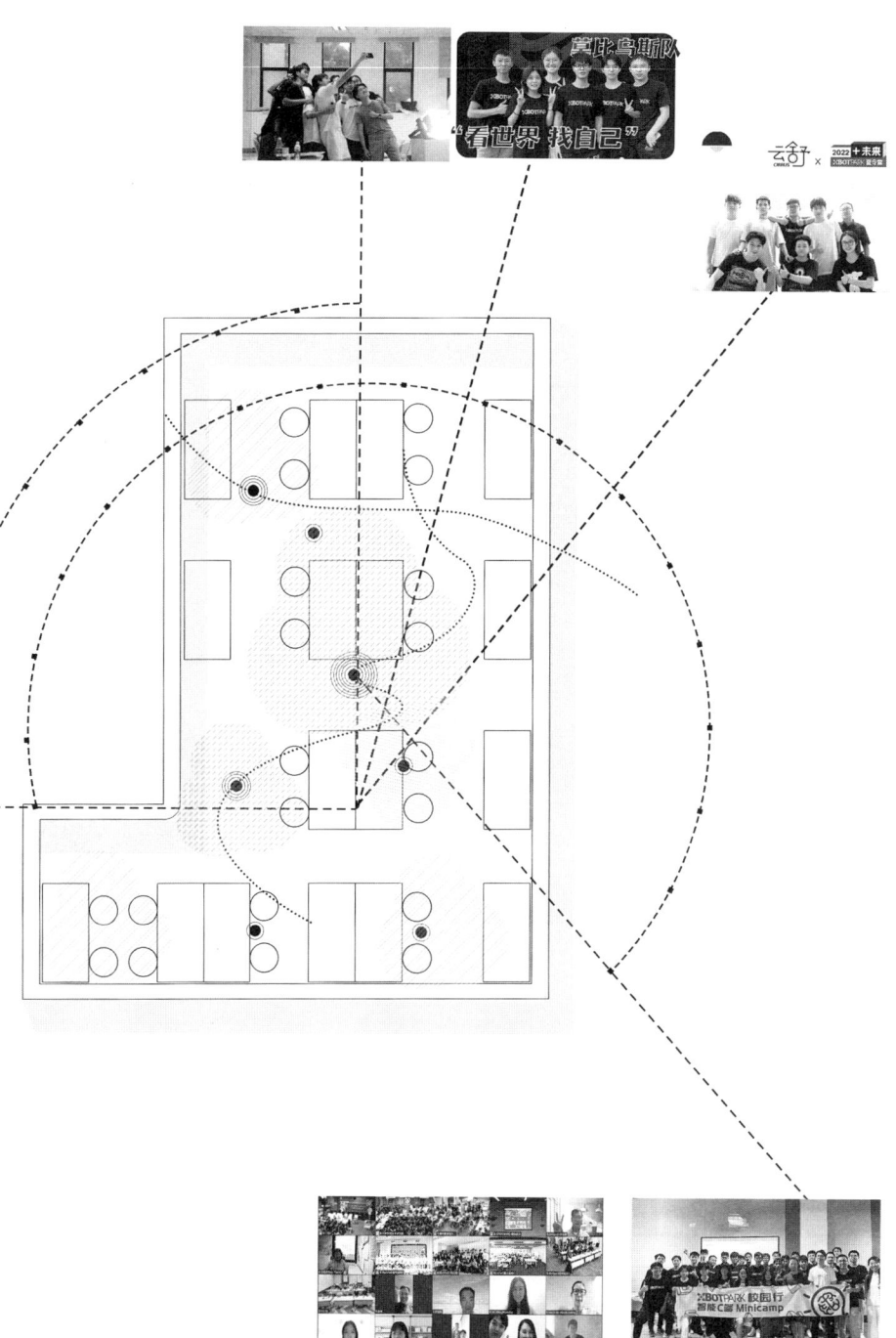

第 2 阶段——项目探索期

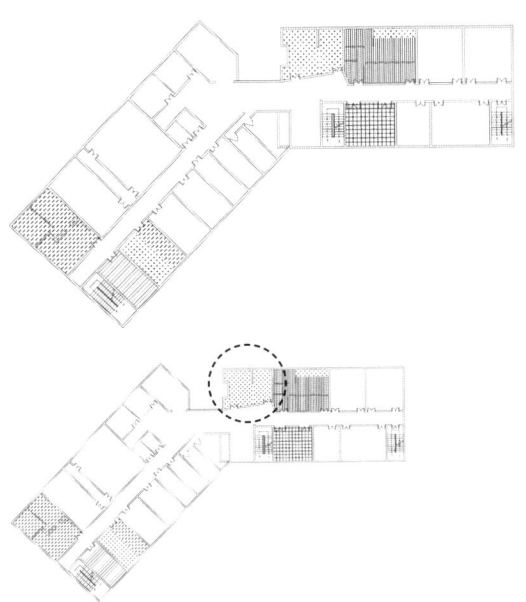

混合办公
探索期：3 组

轴测图

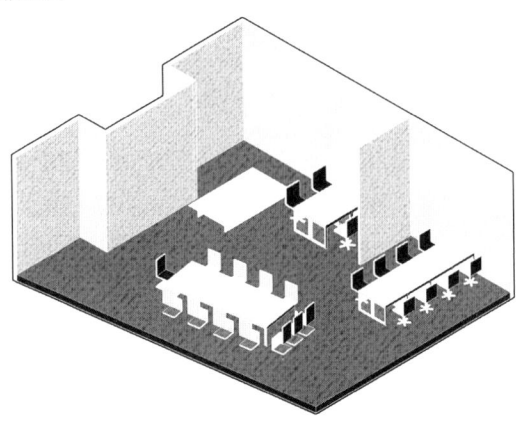

团队与团队之间交流密切，如聚会娱乐、一起讨论问题等。

创业 = 生活

在有限的空间内，因为交流，空间性质经常变化，生产与非生产空间有明显界限，在这个过程中，归属团队凝聚力逐渐出现并不断强化。

- 非生产行为
- 生产行为
- 独立
- 交流

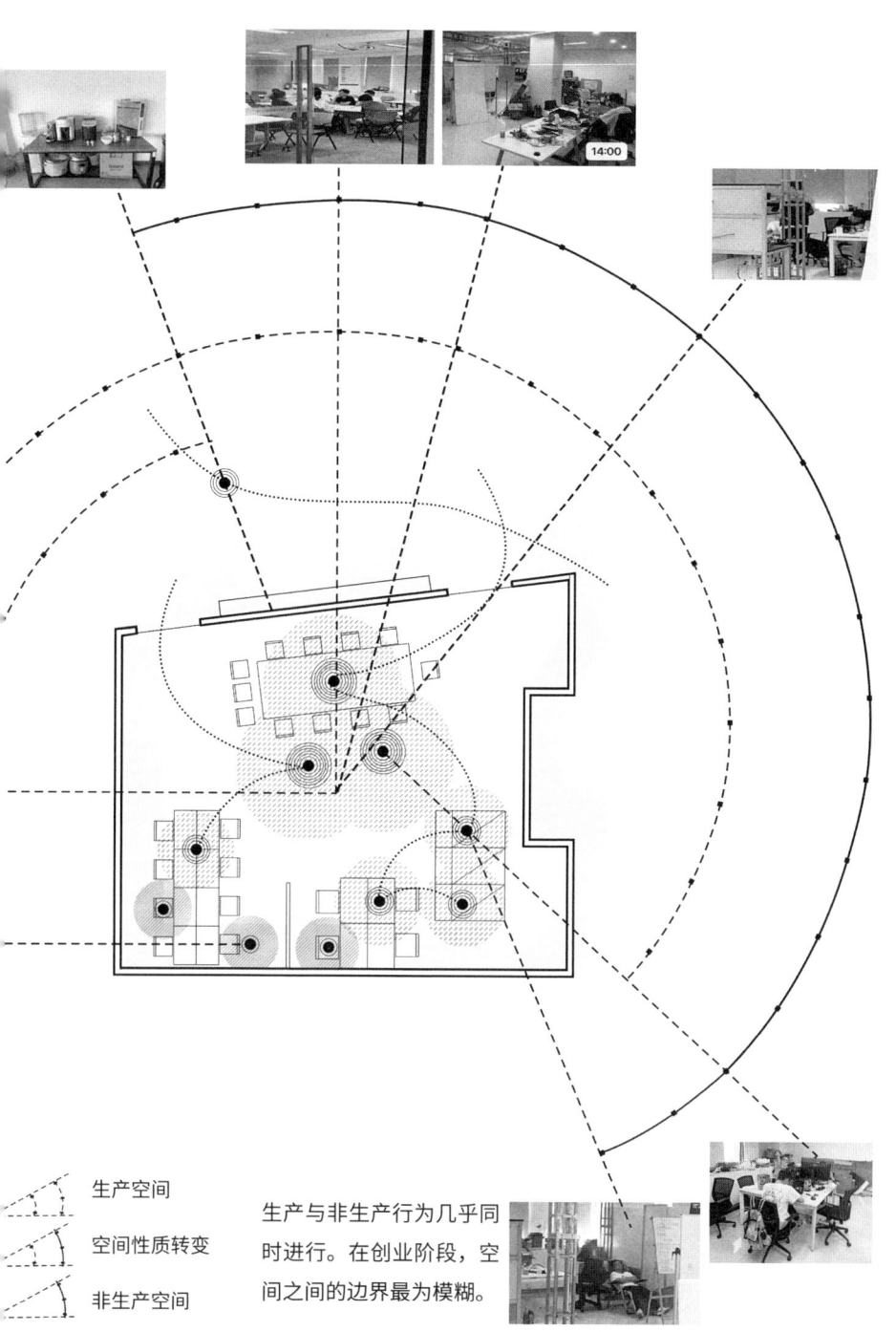

生产空间

空间性质转变

非生产空间

生产与非生产行为几乎同时进行。在创业阶段,空间之间的边界最为模糊。

第 3 阶段——项目孵化期

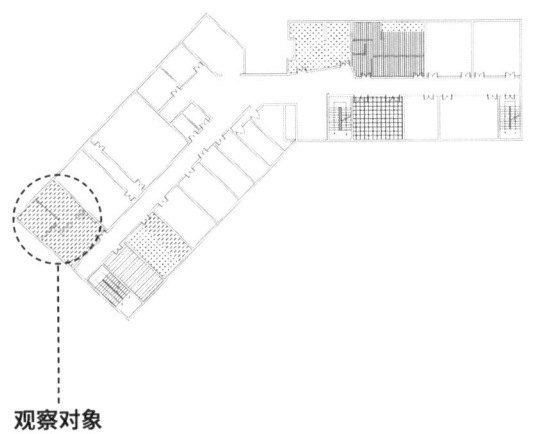

观察对象

混合办公
孵化期：4 组
团队名称：厨房清洁团队、洗脚机团队
团队人数：6 人；4 人
团队分工：产品开发、编程、建模；产品开发、建模

轴测图

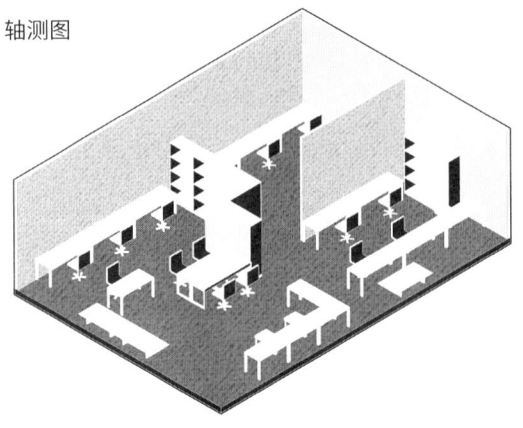

团队的雏形开始出现，它伴随时随地开会，甚至在玩戏的过程中也能够回到工作的话题，生产与非生产空间交织在一起。

在有限的空间下，因为交流空间的性质时常变化，生产与非生产空间没有明显界限

非生产行为
生产行为
● 独立
◉ 交流

茶台会容纳大部分的生产生活功能，但与探索期不同，此时生活休息已经成了生产的一部分，在专业知识的交流和讨论过程中，灵感不断发生碰撞。

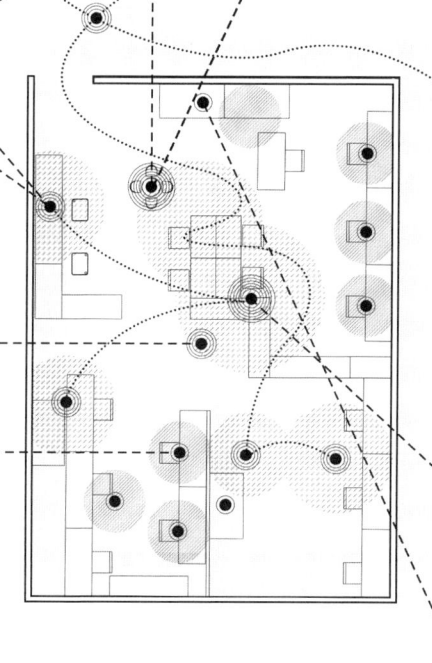

生产空间

空间性质转变

非生产空间

空间性质只会在特定的区域产生变化，逐渐强化共同体在团队和基地中的存在。

第 4 阶段——项目融资期

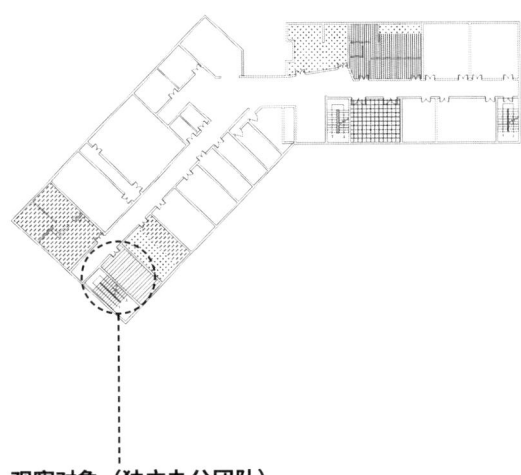

观察对象（独立办公团队）

团队名称：桌面机器人团队
团队人数：4 人
团队阶段：融资期
团队特色：每天 20:00 进行团队会议

团队逐渐走向成熟，生产与非生产空间之间有明显界线，表现出相对独立的空间特点。

轴测图

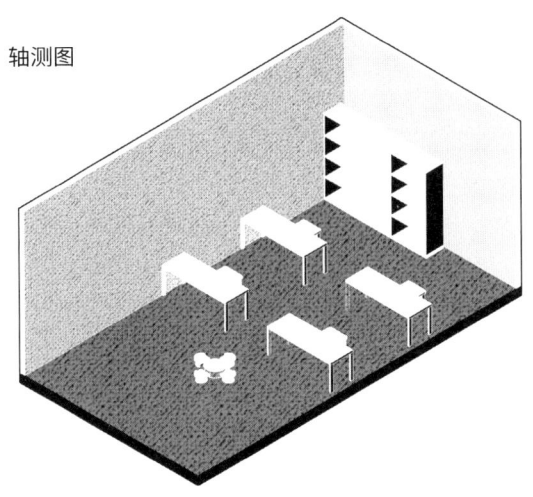

非生产行为
生产行为
● 独立
◎ 交流

团队工作模式开始系统化，个人分工明确、效率高，团队日常交流相对较少，每天会在固定时间进行工作总结。

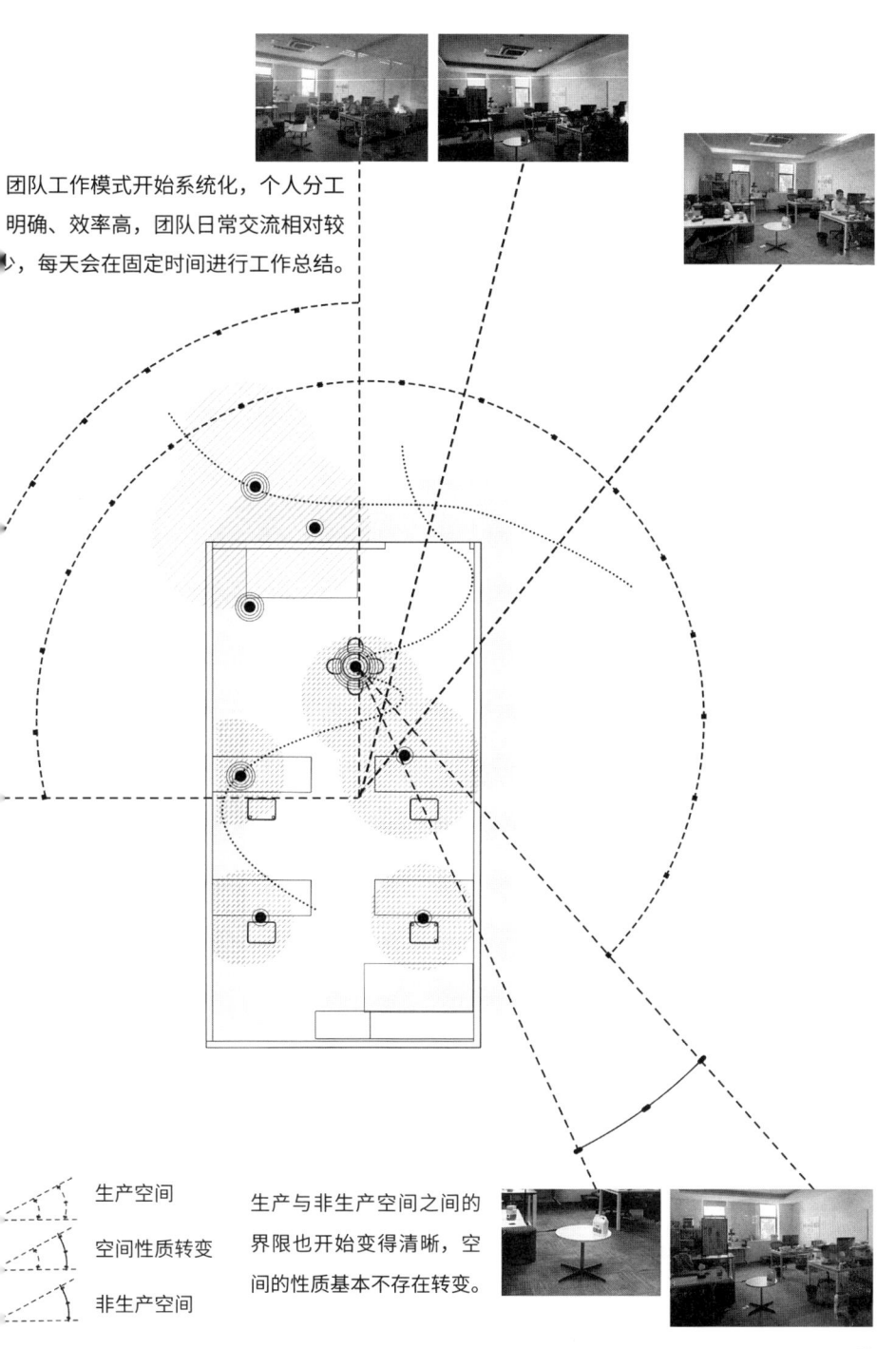

生产与非生产空间之间的界限也开始变得清晰，空间的性质基本不存在转变。

生产空间

空间性质转变

非生产空间

第 5 阶段——初创企业

观察对象：

团队名称：扫地机器人团队
团队人数：10 人
团队特色：分工明确

团队工作模式开始系统化，个人分工明确、效率高。团队日常交流相对较少，每会在固定时间进行工作总结

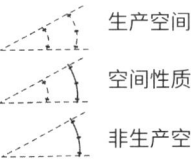

▨ 非生产性行为	◸ 生产空间
▨ 生产性行为	◸ 空间性质转变
● 独立	◸ 非生产空间
◉ 交流	

44

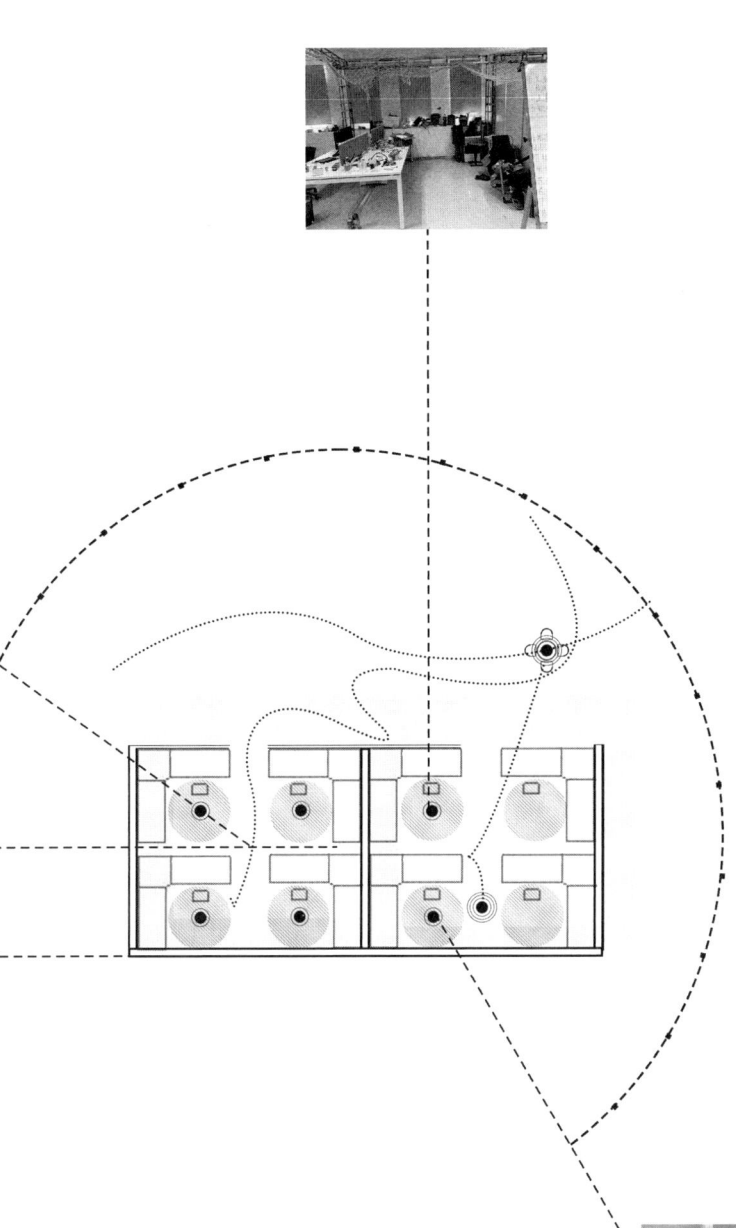

团队逐渐走向成熟，生产与非生产空间有明显界限，表现出相对独立的空间特点，空间的性质基本不存在转变。

小结："物"体现出的开放性与空间性质

在调研过程中，我们发现在科创基地知识生产与日常生活中主要涉及的物件包括办公桌、实验台、圆桌、床、置物架和灵感板等，这些物件在不同阶段所体现出的功能和指向的空间的开放性都有所不同。

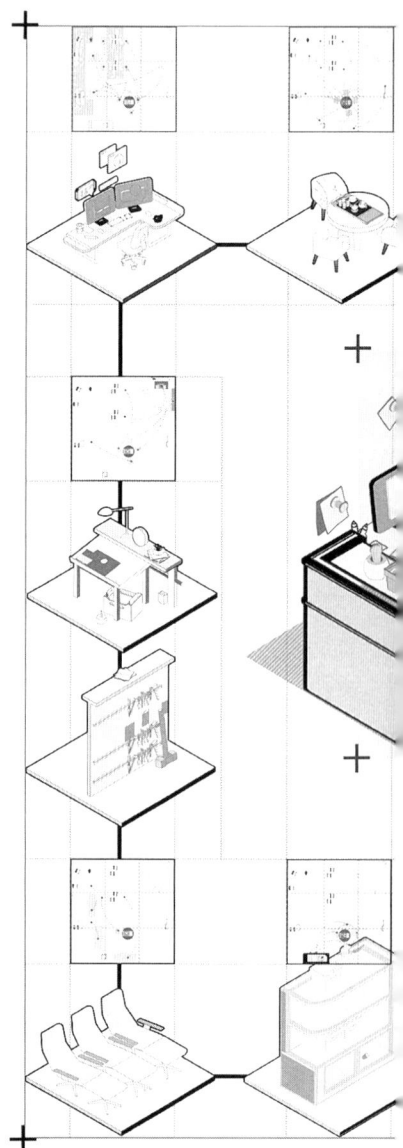

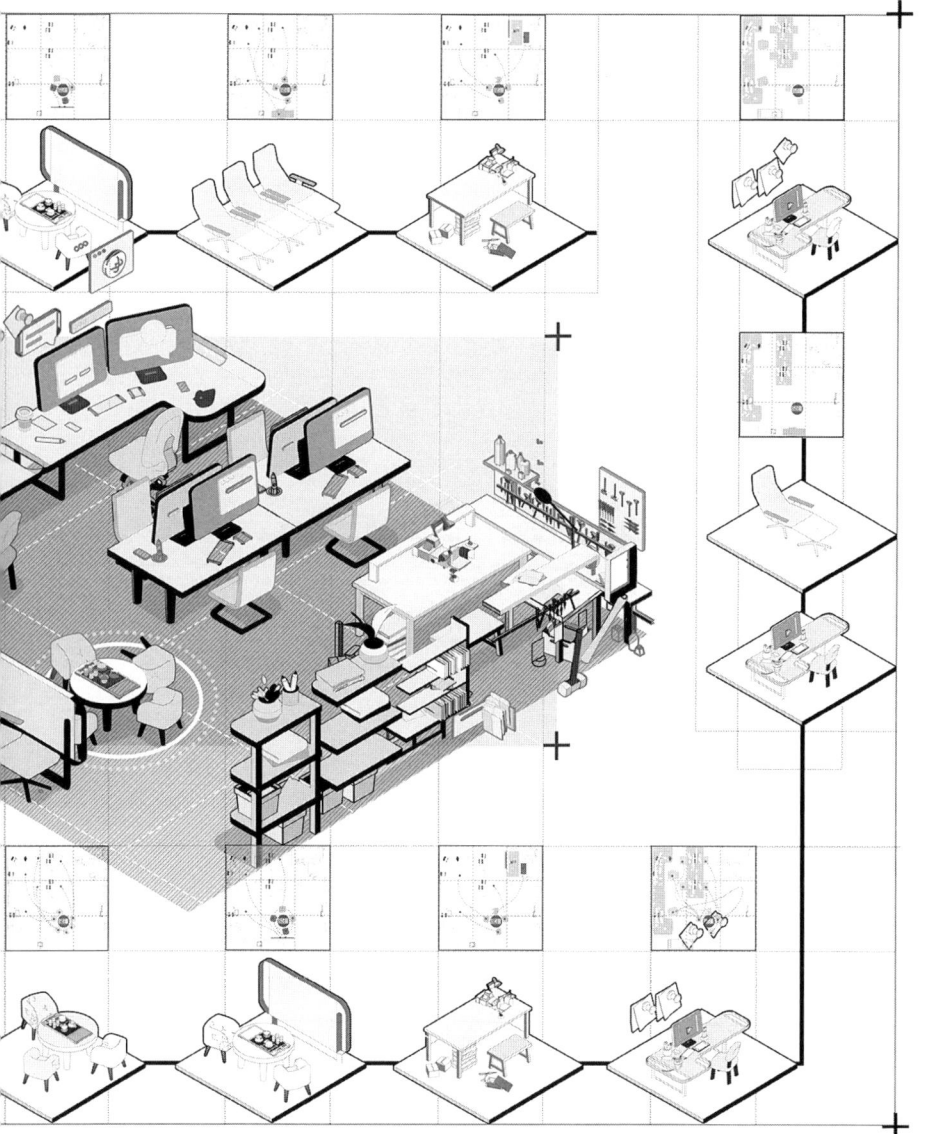

"物"作为生产、生活要素的功能与变化

办公桌（生产要素）
办公桌是创业者们最经常使用的家具，从初期到终期展示着不同的使用特点——从团队讨论的工作模式逐渐转化为固定分工独立办公，办公桌与人的关系以及开放状态也都发生着改变。

灵感板（生产要素）
在创业基地中随处可见的灵感板往往是一个团队项目讨论的结晶或是灵光一现的随笔，也是团队会议、头脑风暴最经常用到的物品。

实验台（生产要素）
在创业开始的时候，团队的创业方向可能会随时改变，因此初期的办公桌往往就是实验台，而到了中期发展阶段，团队方向确定后便会使用一个更大、更专业的独立的实验台。

实践场（生产要素）
产品是科创团队的核心竞争力，成熟的产品是大家追求的目标。新产品往往需要更多地使用测评，因此，团队之间的共享实践场不仅是产品最终的检验环节，也是提升样机的重要媒介。

床（生活要素）

从创业初期到末期，创业者临时休息的空间逐渐转变——从不同团队在同一个空间内睡觉到按照团队分别休息，行军床的位置也发生了改变，其组合方式呈现不同程度的私密—开放状态。

圆桌（生产 / 生活要素）

圆桌是一个能够让人短暂脱离并能快速回到办公桌的家具。圆桌是公共空间的元素，其形式往往是开放的、自由的，但在另一方面，却反映了创业者们对生产活动的逐渐沉陷，进入长时间、沉浸式的工作状态，圆桌在创业者生产、生活中扮演的角色也逐渐变化。

置物架（生产 / 生活要素）

置物架作为一个经常出现在日常生活里的物件，以不同的角色频繁出现在创业过程中。开始的时候，置物架上放置着各种杂物、书籍，随着时间的推移，架子上逐渐增加了创业者个人的兴趣物品，例如球鞋、吉他等，同时也会存放和展示产品研发过程中迭代的样机。

隔墙（空间边界）

在科创基地的创业者办公室，创业者在混合团队使用的房间内会利用纸箱、白板和展板组成隔墙。这些隔墙是创业者自发搭建的，他们同时会规划桌子的朝向等。很多时候，墙的开合状态也就是空间的界限，是随时改变的。

关于"人"

孵化基地中的明星效应

特斯拉　　　苹果　　　　小米　　　　锤子

在今天的各个孵化器中，神化创始人和已经成功孵化的企业成为一种常态，也是一种重要的宣传手段，以吸引更多创业者。而对于部分创业者来说，除了孵化器的基本设施和可复制模式外，追随明星导师或许是第一驱动力。

东莞松山湖机器人孵化器：

基地发起人李泽湘、甘洁、高秉强；孵化成功企业大疆创新的创始人汪滔和李群自动化的石金博等人已经成为基地的招牌，也是基地宣传与创业者日常讨论中绕不开的话题。

奇迹创坛孵化器：

发起人陆奇、栾运明等是其明星导师。孵化器中的重点课程包括大咖闭门分享日、路演日、产品日等。每一个环节都离不开明星导师的加持。

中大创新谷孵化器：

创始人舒元、郑贵辉等是其明星导师。孵化器重点强调与中山大学的合作、邀请嘉宾与合作机构的数量。

科创孵化器中的明星——以国内孵化器为例

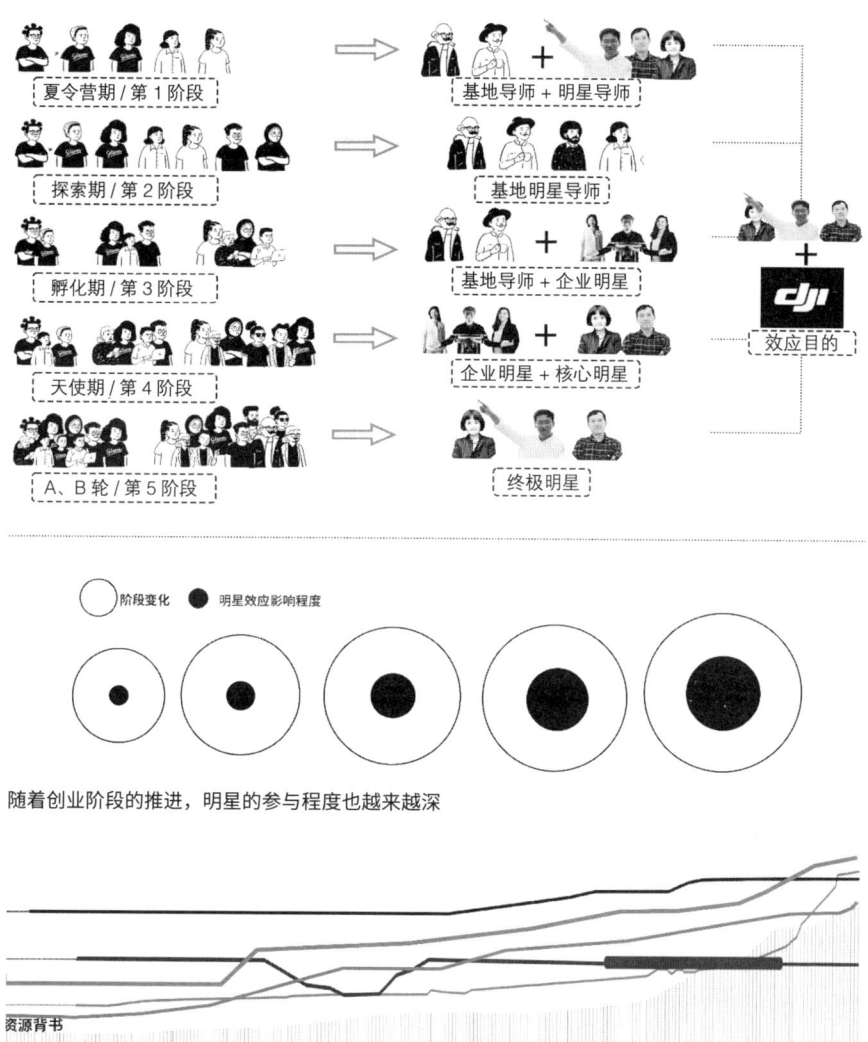

随着创业阶段的推进，明星的参与程度也越来越深

随着创业阶段的推进，明星效应带来的资源背书也随之增加

在企业孵化过程中，导师扮演着重要角色。他们对于进度的把控、产品的方向、产品的设计均起着主导作用，而孵化器中的创业者更像是追随者。不论是处在哪个阶段的创业者，是否能进入下一个孵化阶段，均由导师决定。

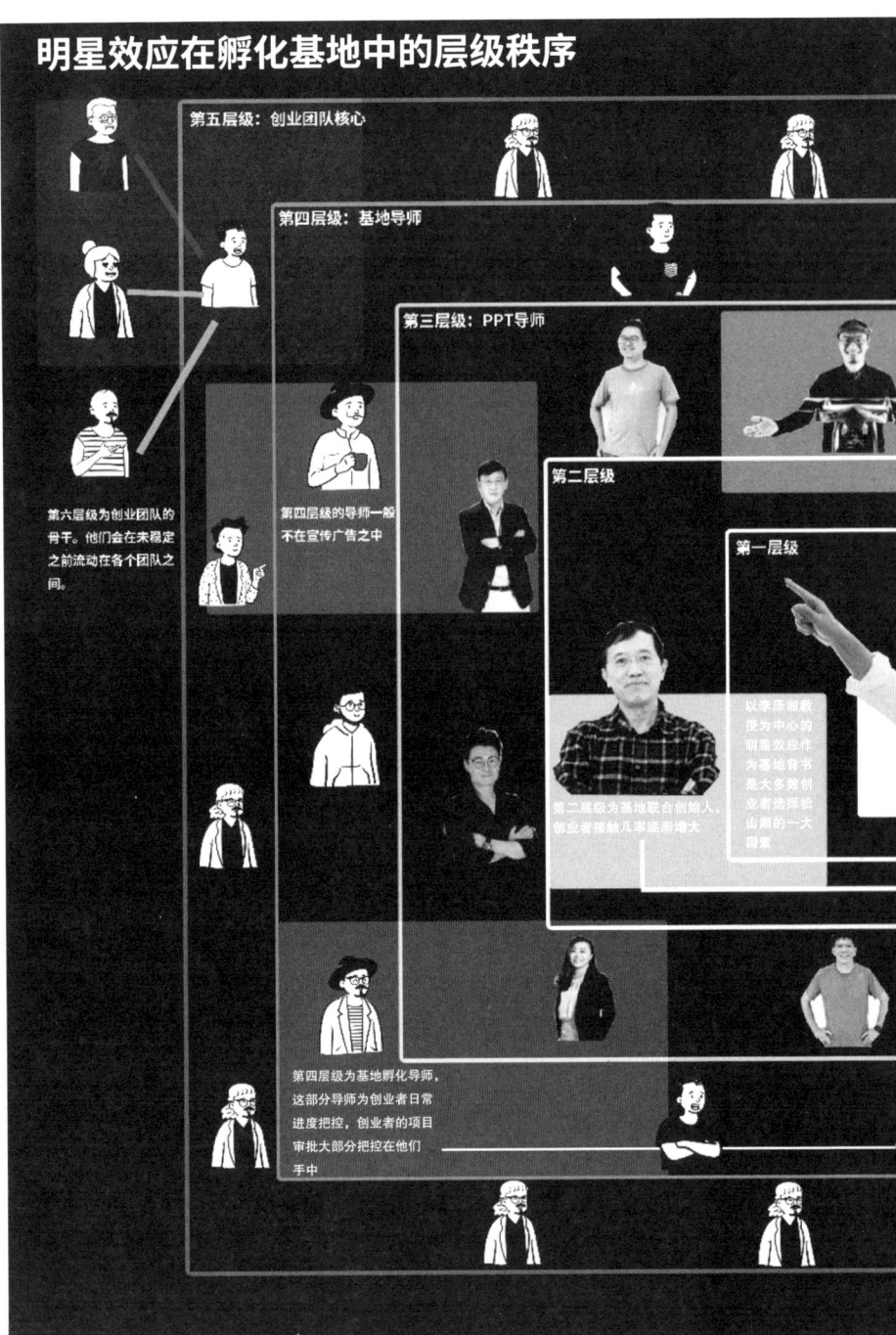

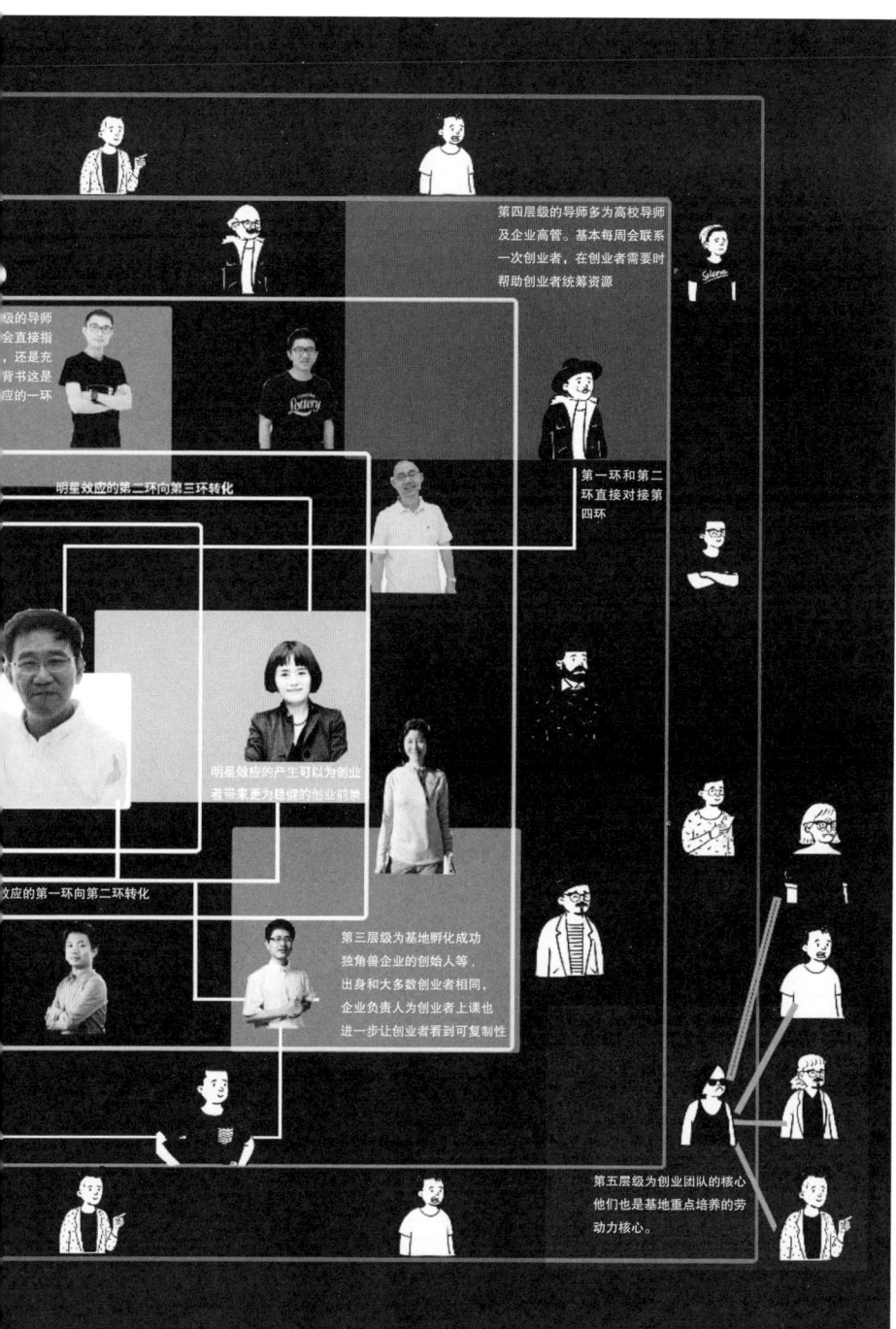

第 1 阶段——体验期

第 1 阶段的创业者多以体验为主。基地在这个阶段一般会将全部的优势体现出来——通过空间设施的吸引及夸张的宣传手段来留住创业者。在体验期,创业者基本会接触到所有明星,他们称之为"领袖",但主要的明星导师是来自基地的领袖。

辅导现场

领袖辅导学员模式:1 人对多人,一个领袖对多个创业者

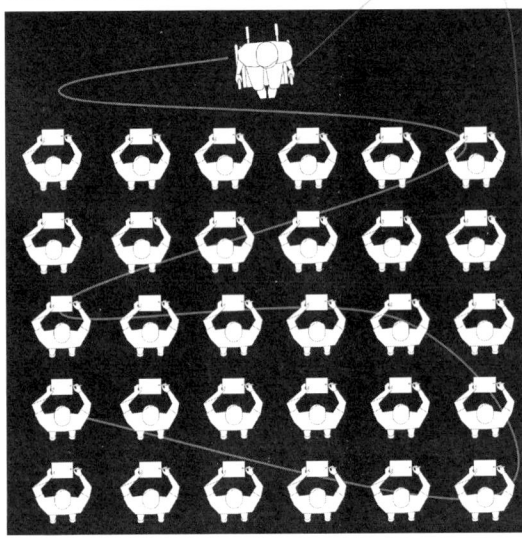

成功企业的参与加强创业者对未来的憧憬

创业者交谈状态

明星效应的开端——对领袖的膜拜

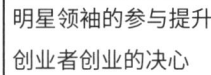

明星领袖的参与提升创业者创业的决心

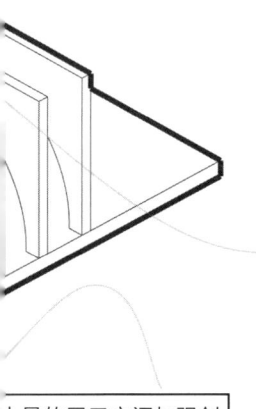

大量的展示空间加强创业者对于基地的信任

第 2 阶段——项目探索期

第 2 阶段的创业者是基地内最自由的,他们通过寻找各自的赛道及团队开始孵化。而领袖在这个阶段更多的是以"中间人"的角色出现,帮助组建团队以及开发资源。"1对1"的模式让领袖与学员的接触频率进一步提高,从而使得明星效应进一步加强。

辅导现场

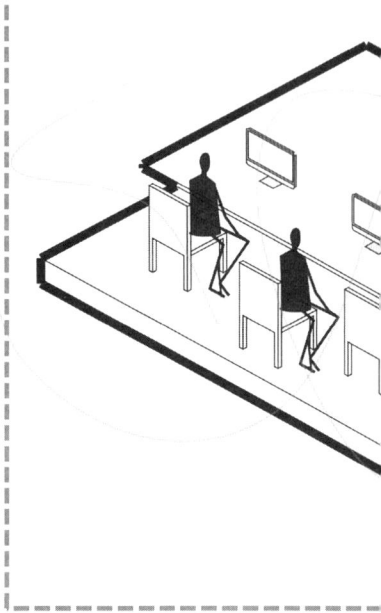

导师1对1的模式加强学员与领袖之间的亲密度

领袖辅导学员模式:1人对1人

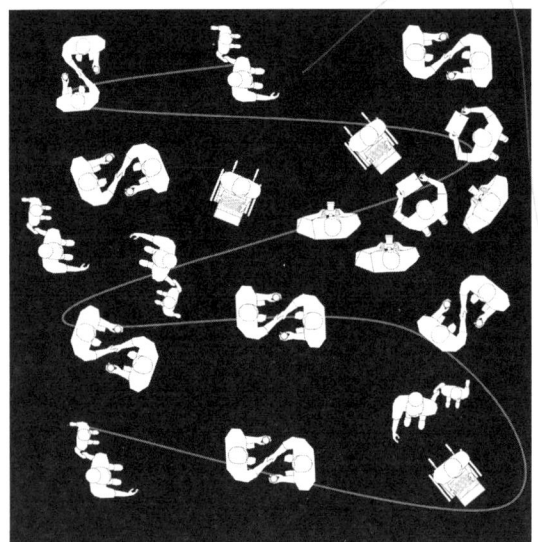

创业者交谈状态

激烈的竞争状态让创业者在此阶段快速地成长

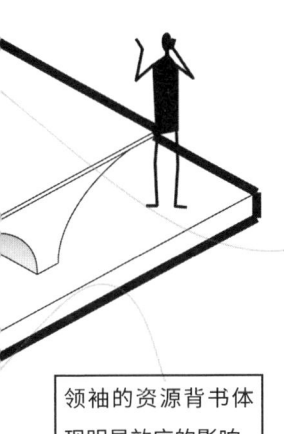

领袖的资源背书体现明星效应的影响

明星效应的强化——对领袖的观看

第 3 阶段——项目深化期

第 3 阶段是创业过程中的分水岭，基地开始有侧重地进行孵化。创业者在这个过程中主要接触企业领袖，因为这个阶段开始出现一系列的技术与产品定位问题，而企业领袖的专业背景可以帮助他们解决大部分问题。创业者与领袖的接触更多地以讨论的方式进行，明星效应持续加强。

辅导现场

领袖辅导学员模式：1 人对小团队

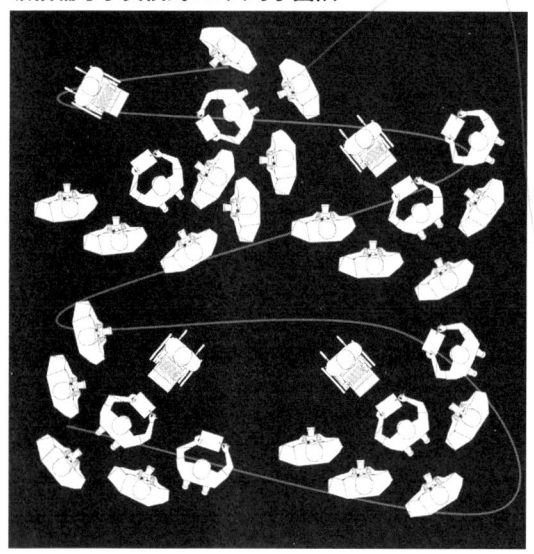

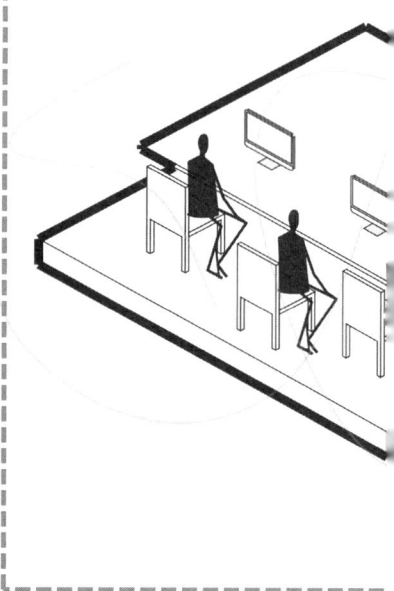

企业导师的加入也丰富了领袖阵容，对于创业者来说资源更加丰富

创业者交谈状态

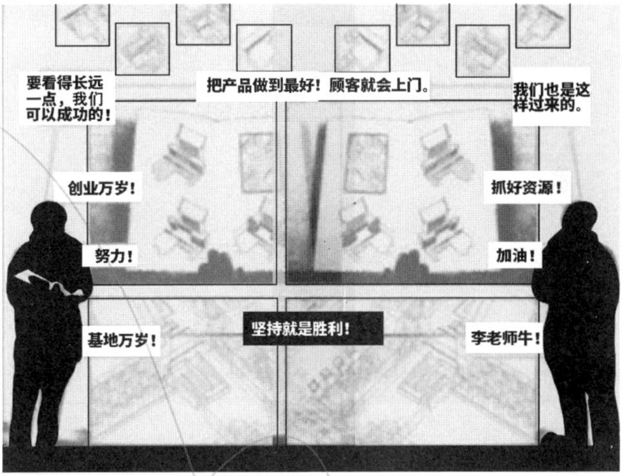

要看得长远一点,我们可以成功的!
把产品做到最好!顾客就会上门。
我们也是这样过来的。
创业万岁!
抓好资源!
努力!
加油!
基地万岁!
坚持就是胜利!
李老师牛!

脱颖而出的创业者在此阶段更多地是沉淀与研发产品

创业基金的增加让创业者的研发脚步加快

明星效应的强化——直面领袖

你们的产品需要加强用户体验,同时团队的分工要加强。

好的李老师,我们继续做调研。

第 4 阶段——项目融资期

在第 4 阶段，外部资本开始进入。创业者团队也面临快速的扩张及企业化的情况，出现了管理、宣传、产业链和生产问题。资本与明星导师一般为业界龙头，可以让团队在天使期得到更多路演及宣传的机会。明星领袖更多地以指导的形式出现。虽然在技术方面，以团队研发为主，但资本及领袖的影响仍然有增无减。

辅导现场

领袖辅导学员模式：3 人对小团队

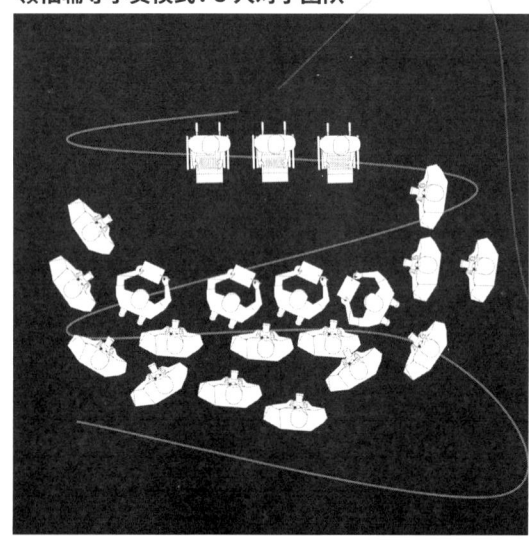

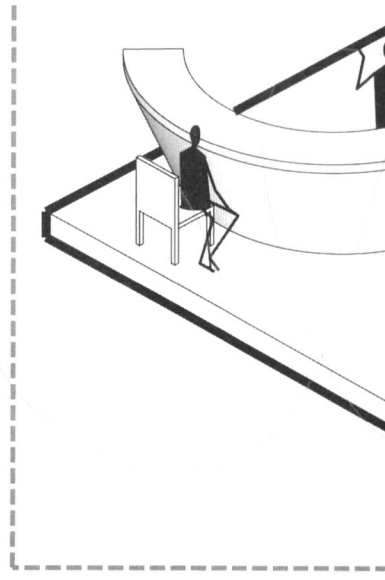

大量的资本加入让创业者对于孵化的前景更加期待

创业者交谈状态

资本与领袖带来更多的资源与更大的影响力

明星效应的强化——接近领袖

团队孵化脚步加快,规模化明显

第 5 阶段——初创企业

第 5 阶段代表创业成功。团队的资本以及人数都达到了一定的规模。创业者面对的领袖也变为更大规模的资本。团队掌握在主要创始人手中,工作人员开始不断增加,创业因子减少。创业者在这个阶段也成为新的领袖,开始指导初期的创业者。

辅导现场

孵化成功,团队成为新的劳动力,同时为新的资源背书

领袖辅导学员模式:多人对小团队团长

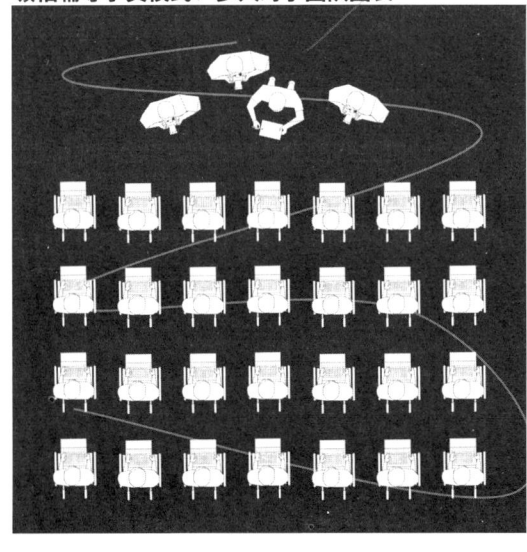

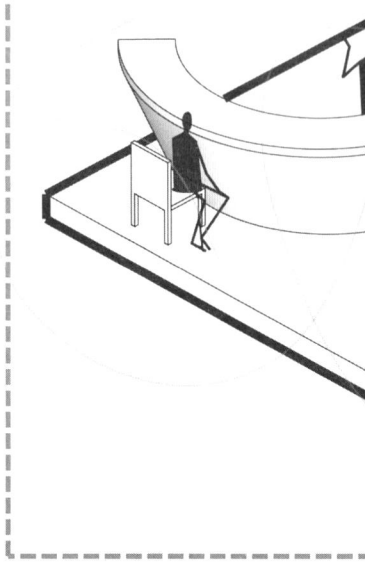

创业者交谈状态

明星领袖的参与更多以指导的方式进行,团队企业化

明星效应加强——成为领袖

创业者成为领袖,同时成为基地新的导师

02

游戏研发中心

唐欣慧

游戏研发背景

游戏产业

游戏研发商：游戏的制造者
游戏发行商：负责销售、运营、投放、对接等。游戏公司多为"研运一体"模式
渠道商：游戏的销售 / 发行平台

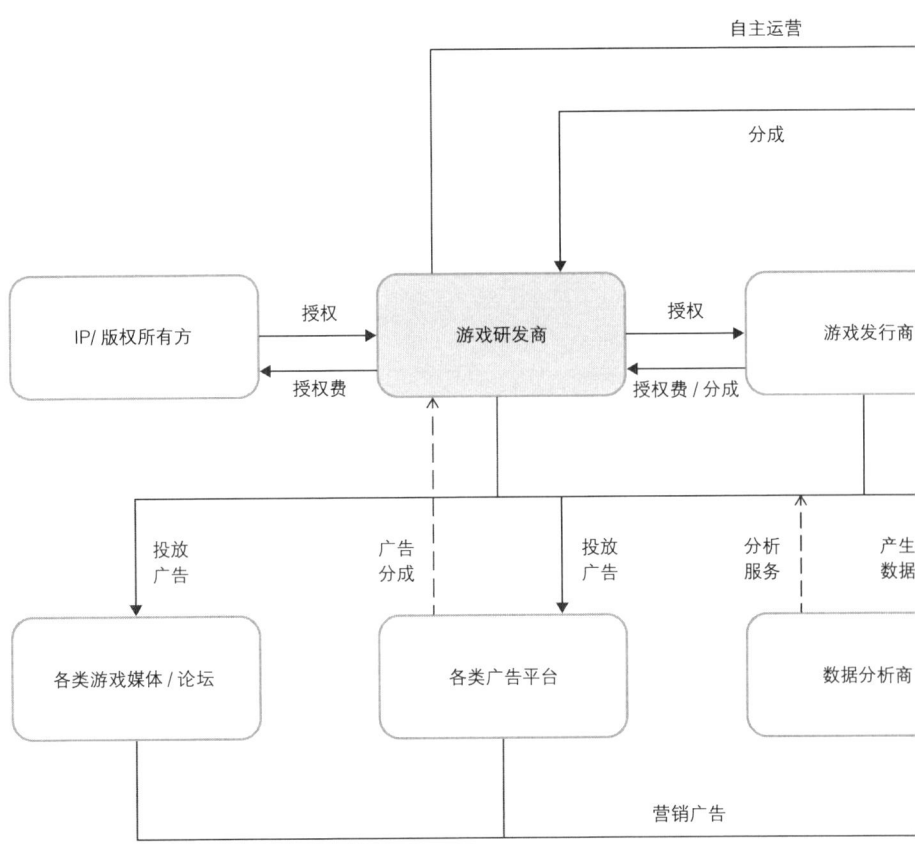

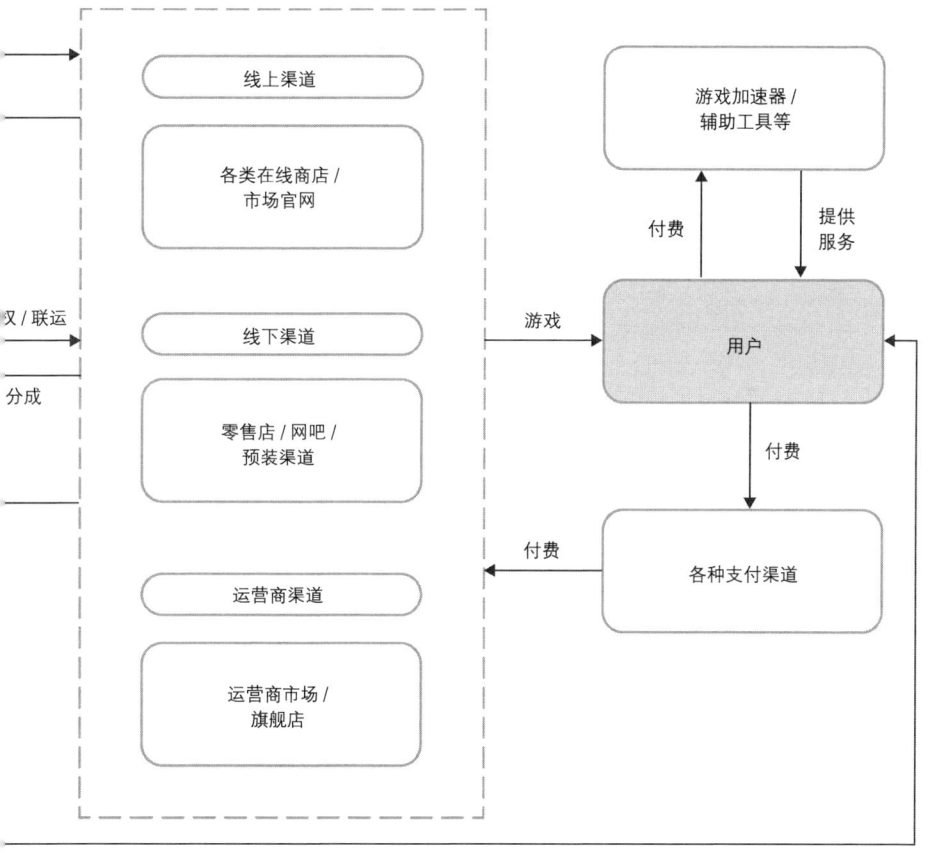

游戏产业链（图片来源：自绘）

游戏行业的发展

作坊式生产

科学实验室（电子游戏的诞生）、独立游戏

优势：小体量、低成本、差异化

劣势：高度依赖人才和创新、难以稳定输出并形成规模生产

商业化生产

中国游戏的商业化（大部分开端）

内购制与免费游戏的商业模式和理念

市场规模和消费需求：降低消费门槛、培养游戏习惯

工业化生产

生产资料/生产过程：流程化、标准化（技术的积累：游戏引擎、中台组织、人工智能）

生产者：规模化（游戏外包、融合型人才）

生产对象：自动化（"一键做游戏"）

市场需求：类型化（垂直用户的需求满足）

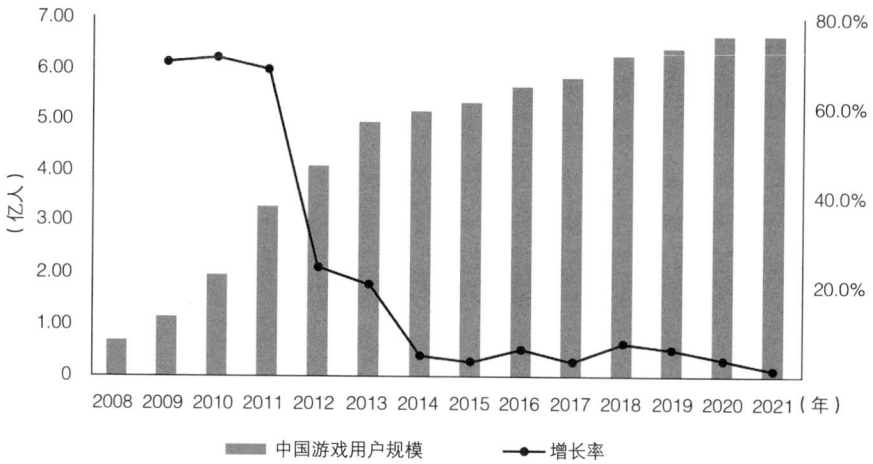

中国游戏用户规模（数据来源：中国音像与数字出版协会游戏出版工作委员会&CNG中新游戏研究）

"关系丛"类比

"浙江村"——区位及发展

北京市南四环丰台区木樨园一带的城乡接合部
有大量的闲房可供出租
地理位置优越,近市中心
土地占有与利用模式混杂

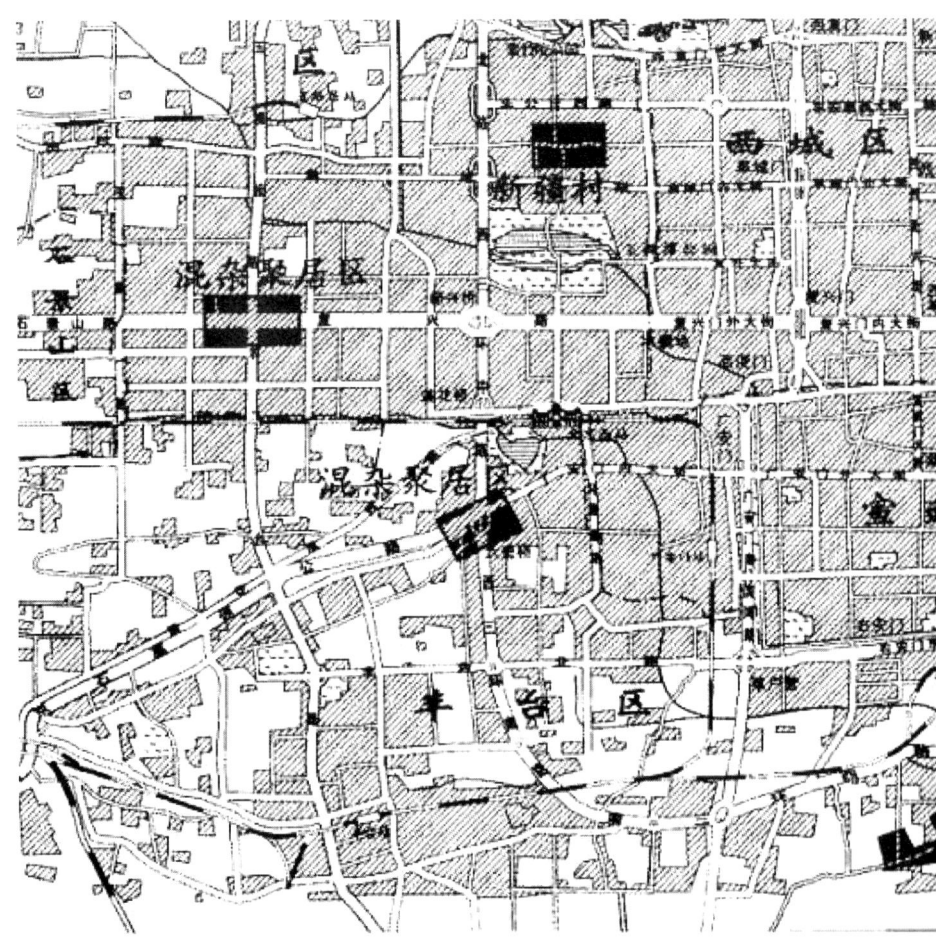

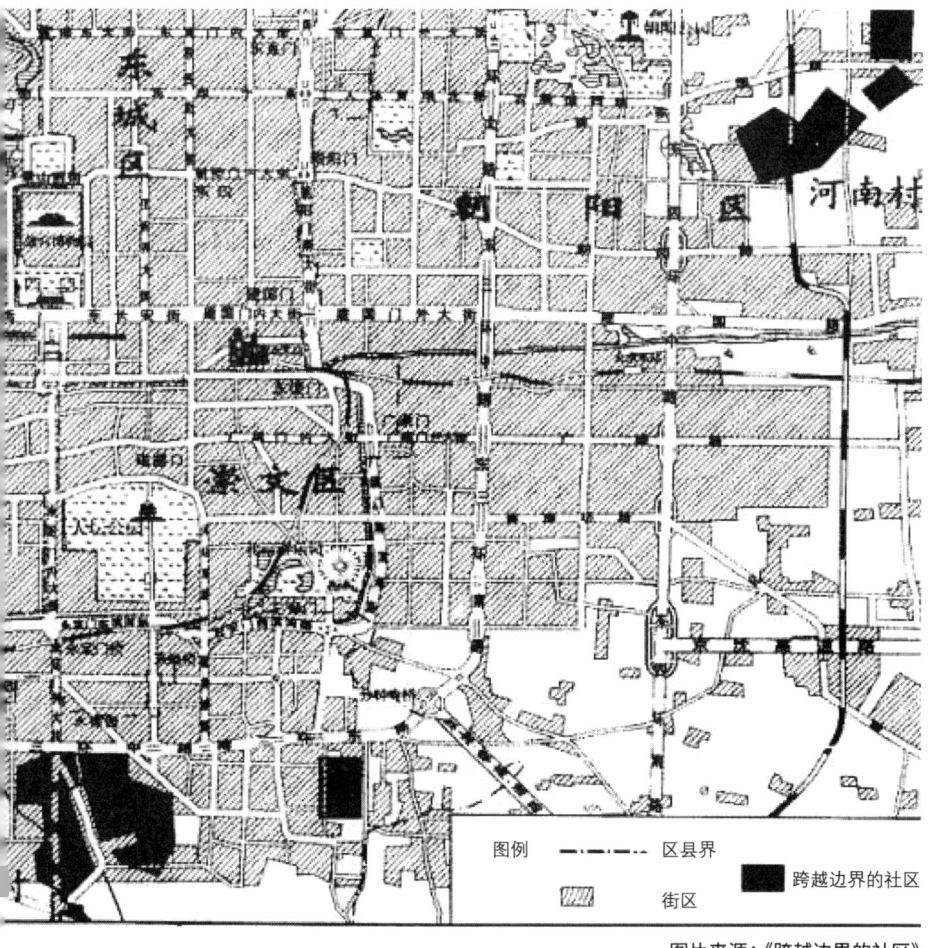

图片来源：《跨越边界的社区》

发展模式——平铺式

一、角色分工

"系"与关系丛

"系"是不同关系的组合,链式流动的结果("先来"带"后来")

(1) 非经济关系为经济关系提供便利,形成潜在的、非专业的监督

(2) 后来者借助"系"进入社区网络,很快达到平均水平

例:联合式家庭(一户 = "家里人" + 雇工)

早期作坊式生产

普遍现象:雇主与雇工逐渐熟悉并建立亲密关系

大人物

产生原因:多人合作与多向投资

处于多"系"重叠的多节点

不做"中心",提供"场所"(建市场,盖大院),对公共产品的掌握强化了地位

二、建构方式

摆地摊—包柜台(进入城市商业空间)—发展外贸生意

原辅料市场、劳务市场、发包市场等多种专业化市场形态诞生——基于"系"灵活流动

三、扩散方式

全球性流动经营网络——扩散流动(从高到低)

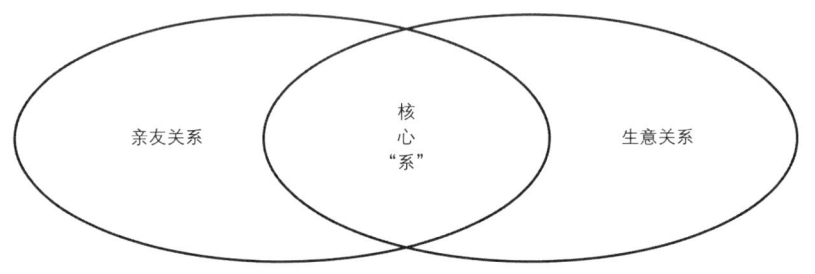

单个"系"的结构

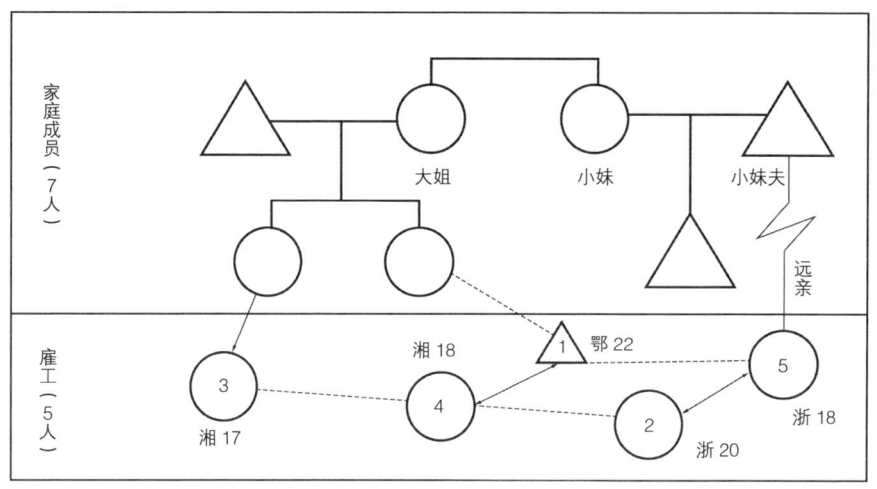

周家"两拨人"

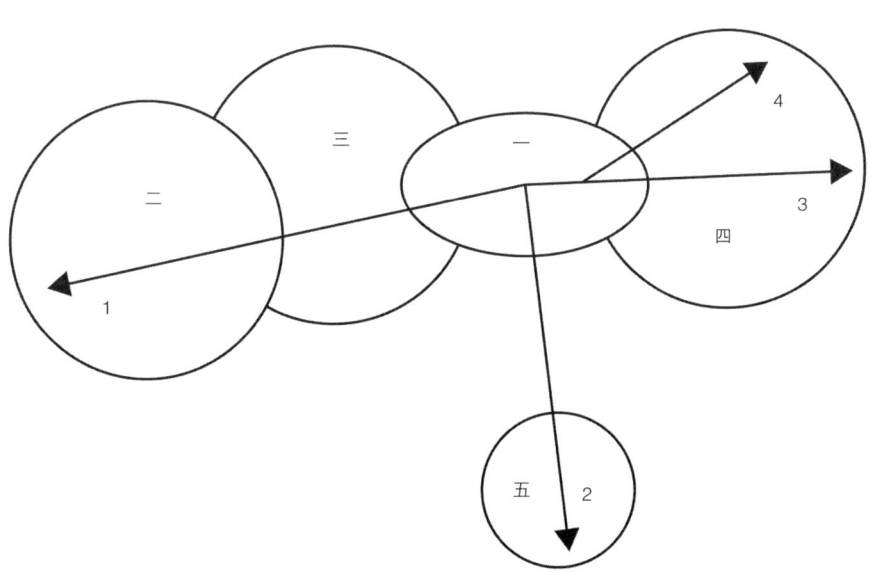

大人物的组合——不同"系"的重叠

图片来源:《跨越边界的社区 北京"浙江村"的生活史》

新社会空间模式

一、居住格局

亲友圈：居住分布与流出地相对应
生意圈：使各部分维持联系
大院：村民租赁土地后修建，依地缘进行划分
小的 1000~2000 人，大的 4000~5000 人

二、生活体系

菜市场、饭馆、理发店
诊所、幼儿园
打金店、交通服务业（代购）

三、扩张方式——定销

该地区面积不断扩大

"社区—产业型"进城模式

"抱团造出一个自己的社区来，把经济生产和社会再生产一体化"
经济生产（服装生产、加工等）和社会再生产（自办幼儿园、菜场等）
优势：弥补弱化流动人口经济属性和社会属性的"社会分割—价值攫取"模式
预测 / 愿景：新社会空间将逐步正规化，成为促进城市发展的动力

游戏研发现状分析

组织架构

自上而下：
一个游戏制作人管理四到五款游戏研发

项目制：
便于统一管理
共享美术中心
提高资源的利用率
降低成本

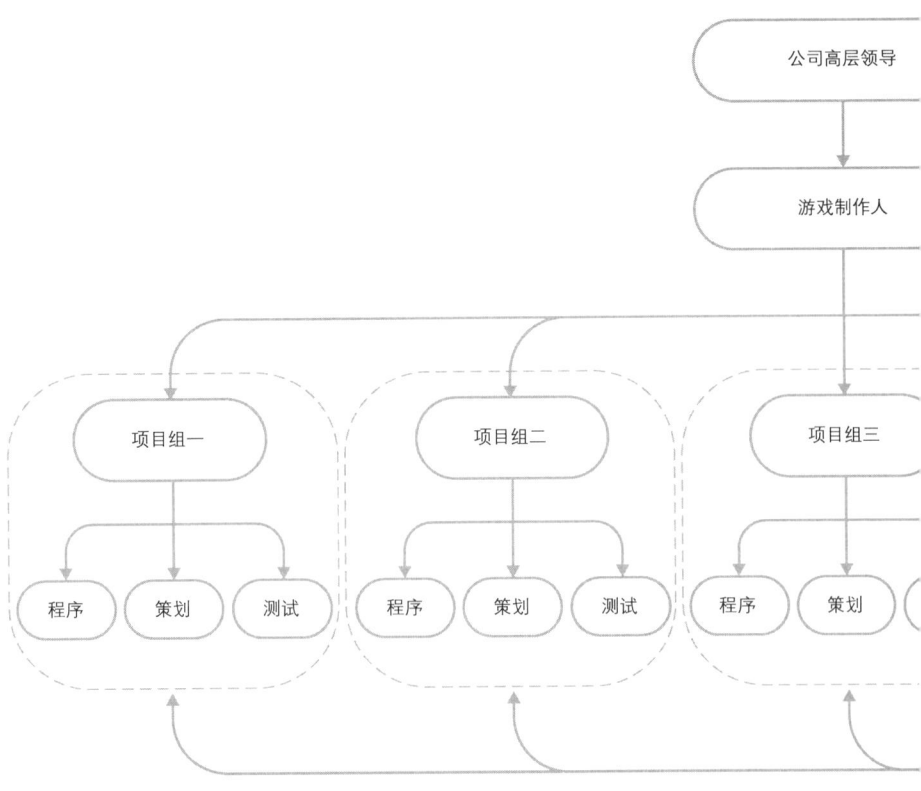

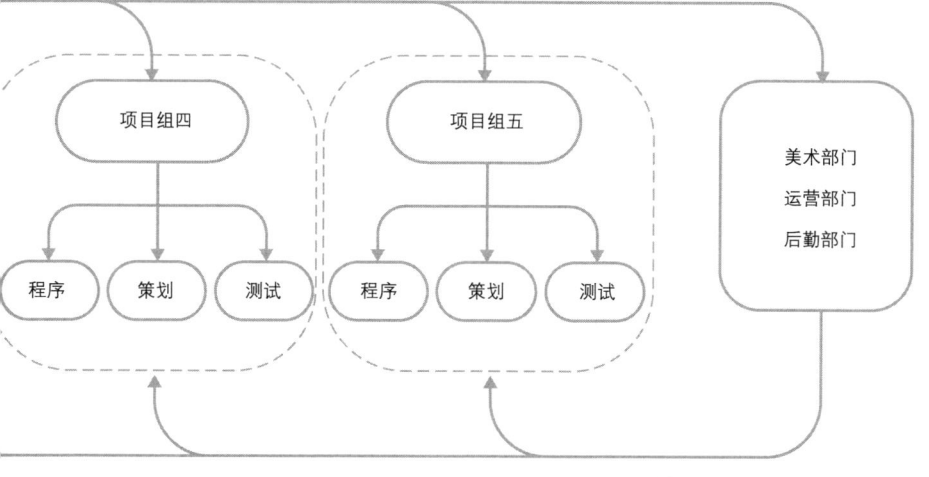

某游戏公司研发中心组织架构

合作模式

流水线式生产：
项目组内部拆分小组
小组人数不固定，根据实际工作量决定
以个人能力确立小组长，进行进度监督

独立的美术部门
由项目制作人与美术总监沟通

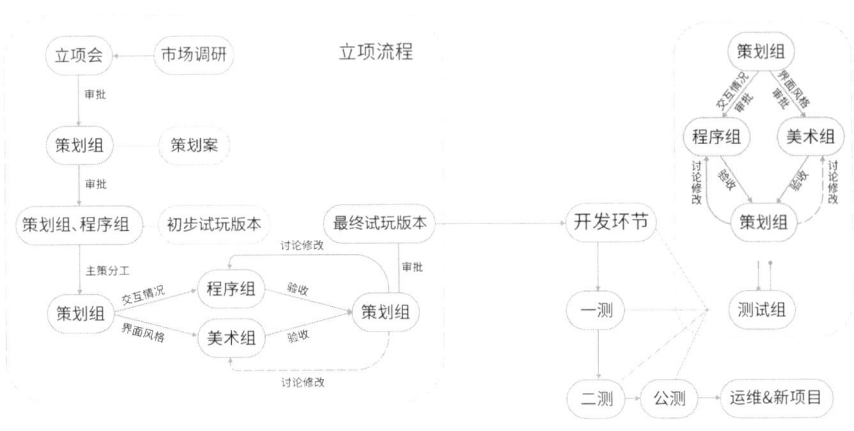

游戏研发流程图

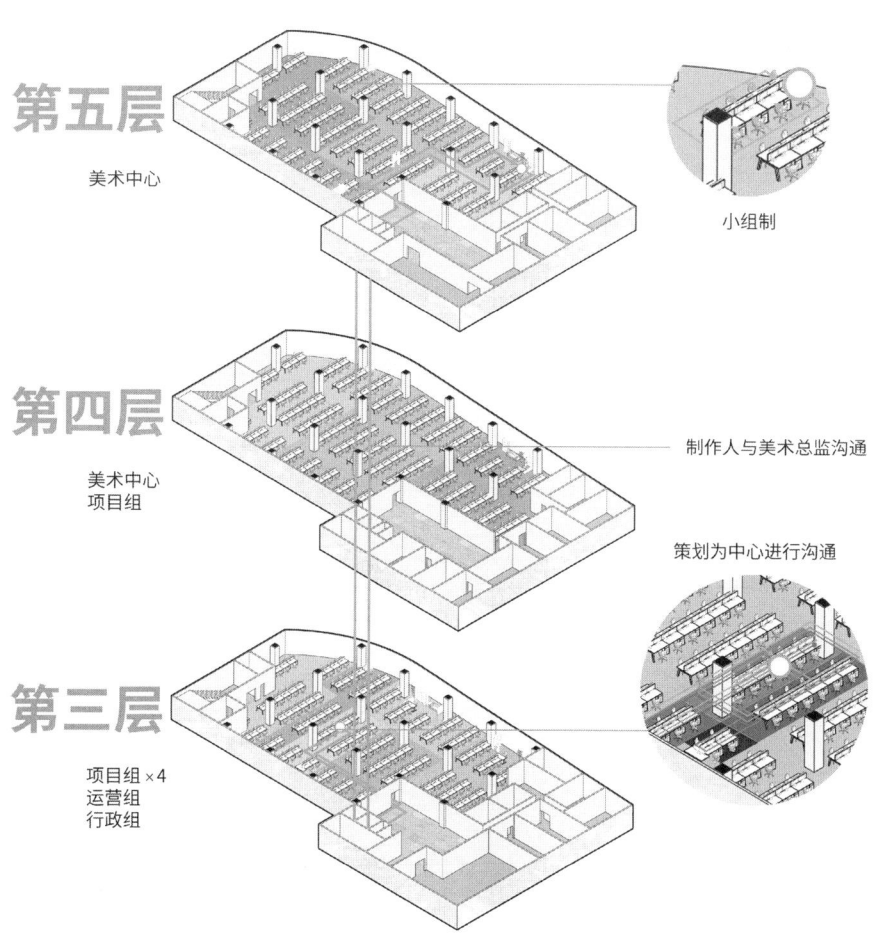

功能分布及分工模式（以某游戏公司为例）

87

空间特征

同一项目团队形成组团
团队成员及负责内容相对**固定**
以策划为中心，程序与测试围绕布局
不同工种、不同游戏研发类型的员工工位**无明显区别**
制作人拥有相对独立的大空间

多个小尺度会议空间，使用频率高
休闲空间与交通空间对应，开放程度极高

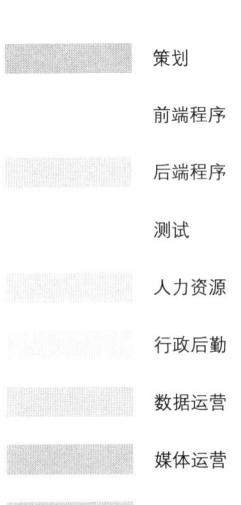

策划
前端程序
后端程序
测试
人力资源
行政后勤
数据运营
媒体运营
渠道运营

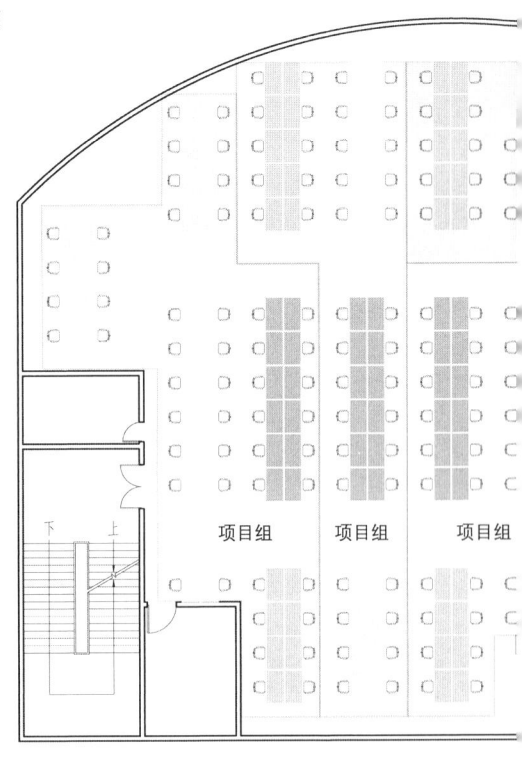

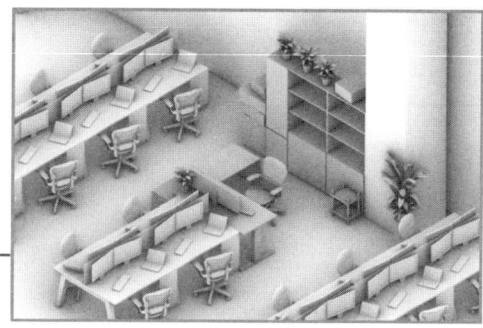

游戏制作人与普通员工

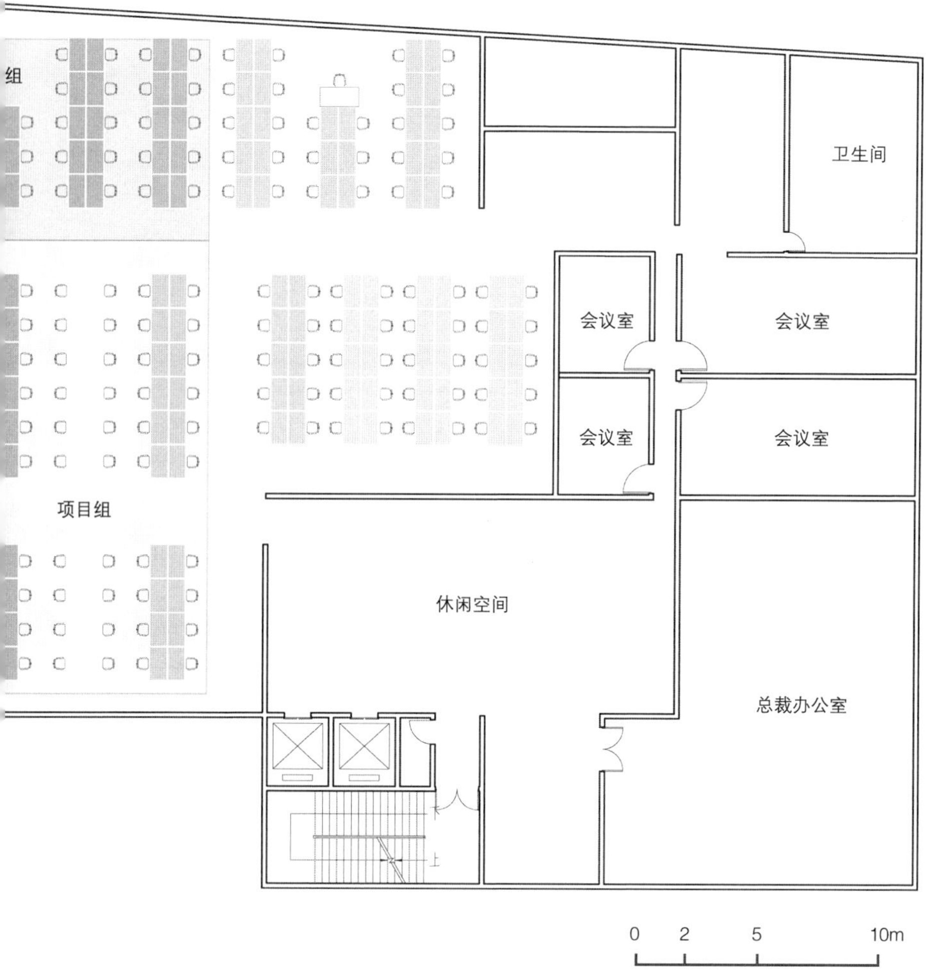

组

项目组

卫生间

会议室 会议室

会议室 会议室

休闲空间

总裁办公室

0　2　5　10m

游戏研发——独立游戏

好的游戏不应该利用人类生理上的弱点（如面对某些刺激会自然分泌出更多的多巴胺）简单粗暴地"解决"无聊，而应该去设计更加富有创造力的世界，将人们带入一个正向的循环。

——独立游戏设计师乔纳森·布洛

定义：
游戏开发者需要独自负担开发过程中的所有花费
开发者能够把控游戏开发方向，并常常带有深刻的自我表达色彩

1. 马库斯·佩尔松《我的世界》（"可以玩的编辑器"）
2009 年至今（截至 2021 年，销售 2.38 亿份，月活玩家近 1.4 亿）
2014 年 9 月，25 亿美元将工作室打包出售给微软
游戏内外的自由与社交，医疗、教育、空间环境等多领域应用

2. 汉家松鼠（兴趣导向：金庸迷）
2013 年，业余——网页版《金庸群侠传 X》
2016 年，辞职——《江湖 X》（4 人，七个月，零工资）
员工来源：MOD 编辑器筛选玩家，发帖交流，传递概念

3. 赤叶游戏工作室（大公司辅助孵化）
2018 年，资金不足，发布《拣·爱》第一章取得成功
2019 年，受邀参加 GWB 腾讯游戏创意大赛获奖
与腾讯游戏合作进行多平台重制和发布

《我的世界》

《江湖 X》

《拣·爱》

游戏研发——中国独立游戏

发展分期

1999—2007 年史前时期——工具局限，高门槛，以模仿为主
2008—2012 年萌芽时期——概念引进，独立游戏社群兴起
2013—2016 年发展时期——技术成熟，门槛降低，外部环境改善
2016 年至今概念泛用时期——资本入场

主要特点及成因

长期处于追赶状态，缺乏成熟的技术理念，在市场上存活才是首要任务
为弥补单机游戏的缺失
独立游戏开发者多是玩家中的一员
难以作为某种思潮讨论工具，更加贴近生活（如《中国式家长》）

社群平台

网络论坛：GameRes、INDIENOVA
联盟团体：中国独立游戏联盟 CiGA
作品竞赛：indieplay 中国独立游戏大赛
线下活动：CGJ（华人游戏圈最大的线下 48 小时游戏极限开发活动）
线下展览：WePlay 文化展

中国独立游戏主要社群

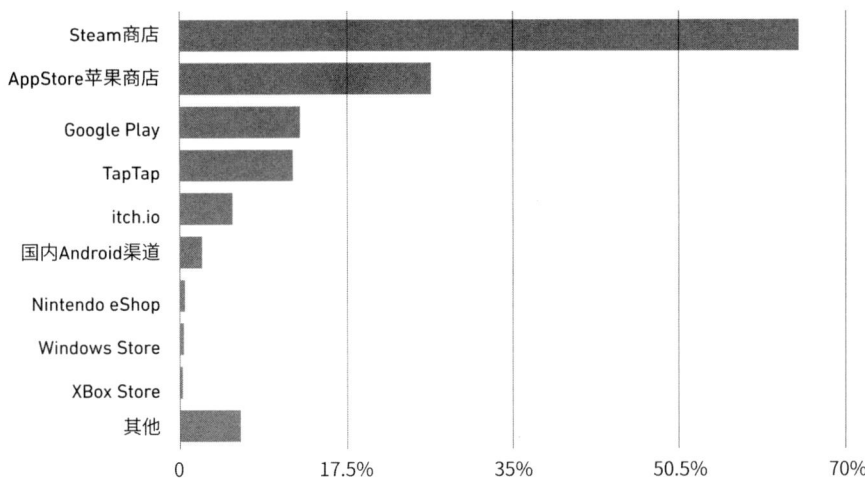

中国独立游戏发布渠道分布

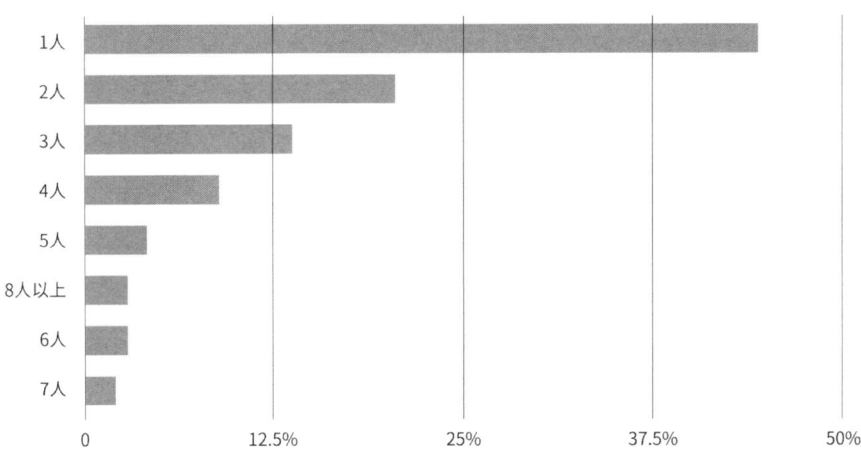

中国独立游戏团队人数分布
（数据来源：INDIENOVA）

游戏研发现状

游戏公司

资金充足，拥有稳定甚至独立的平台
形成规模，进行高效、批量的稳定生产
固化的流水线，难以出现优质创新

独立游戏

创作自由（自我的表达——差异化）
时间自由（不断修改打磨——精品化）

资金少（众筹）

开发力量弱（团队合作松散、技术与开发规模受限）
缺少发布平台与宣传（"版号寒冬""口口相传"）

现状合作方式

游戏公司 / 发行商等**投资团队**
以获取收益为目的的投资方对游戏有很大的决定权
大部分投资方都不愿尝试创新，希望制作风险低、受欢迎的游戏
腾讯 GWB 游戏**孵化团队**
辅助工作（事无巨细）：PM 工作、内部资源牵引、内部专家团队

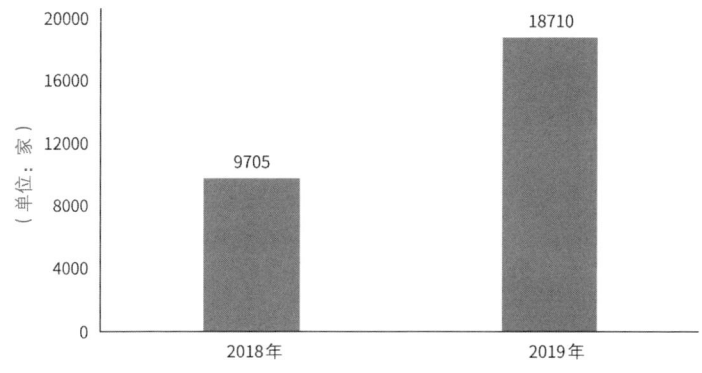

(数据来源：国家新闻出版广电总局)

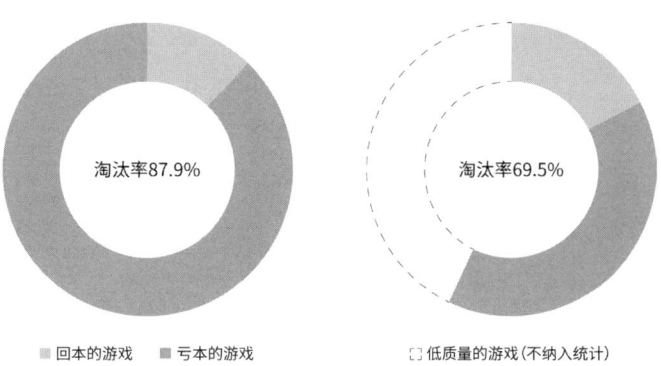

游戏淘汰率对比统计（数据来源：2021年上传steam游戏）

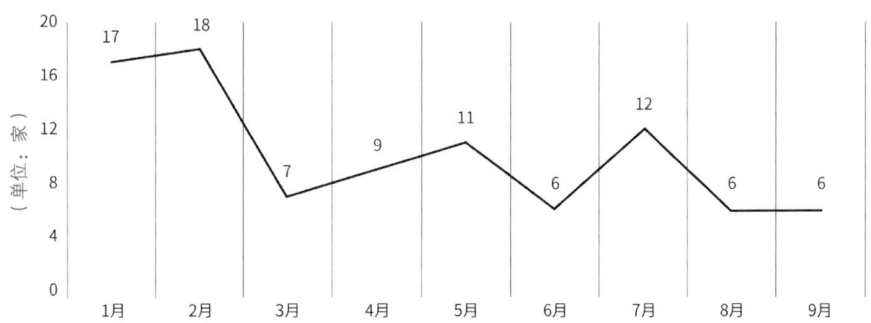

2021年1—9月投资游戏公司数量达到87家
（数据来源：腾讯官网）

03

游戏公司与开源社区

陈梓洵

对于游戏公司自身而言
公司面临着设计周期缩短、设计成本加大
创新能力不足等问题

对于游戏公司员工而言
公司的劳动控制使其工作和生活的界限日益模糊
员工自身职业的稳定性不能与工作时长、工作经验相匹配
……

生产内容与生产过程

生产是复杂过程的一部分
该过程取决于原材料、人力资本和劳动力以及商品和服务的生产能力
以便满足人们的不同需求

非电子游戏生产

传统游戏产业——制造业

纸牌游戏制造商 Cartamundi 是世界上首屈一指的纸牌和棋盘游戏制造商
其生产过程可以概括为：开发（设计）—制造—运输—销售

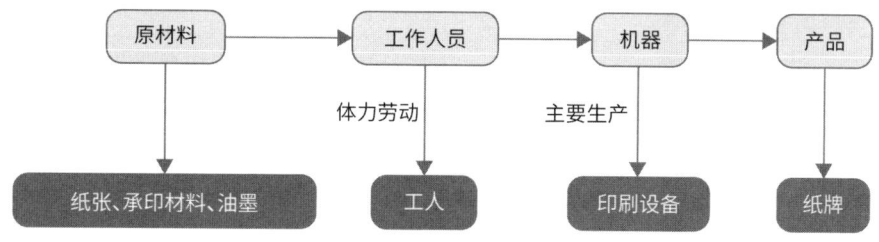

电子游戏生产

新型游戏产业——娱乐文化产业

游戏研发机构的一般生产过程可以概括为：开发—发行—运营

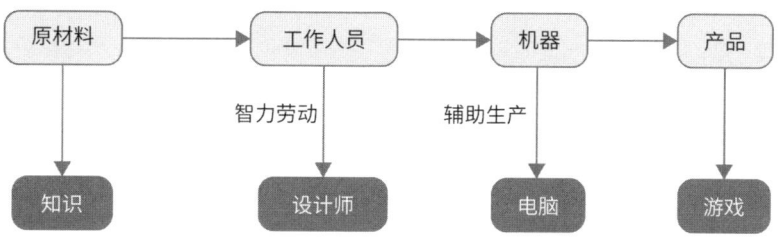

生产内容与生产空间

纸牌制造的生产空间多在工厂
空间多以流水线布置、机群布置的方式为主,生产中制造的空间与其他部分生产联系密切
非制造的空间一般位于厂房边缘位置,但也需要与其他生产车间之间保持联系

电子游戏公司的生产空间多在高层或超高层写字楼中
由于电子游戏的研发过程有多部门协作、阶段性重复的特点
公司将不同部门按照项目组重新分配并再次组织
项目组之间的沟通协作方式大多为口头交流和微信群交流
但由于策划部门和美术部门位于不同楼层,之间的沟通仍有不便

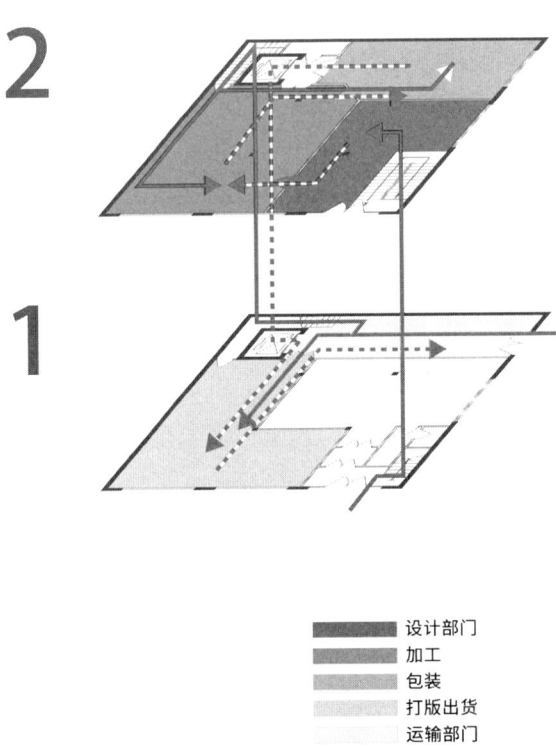

设计部门
加工
包装
打版出货
运输部门

非电子游戏生产空间

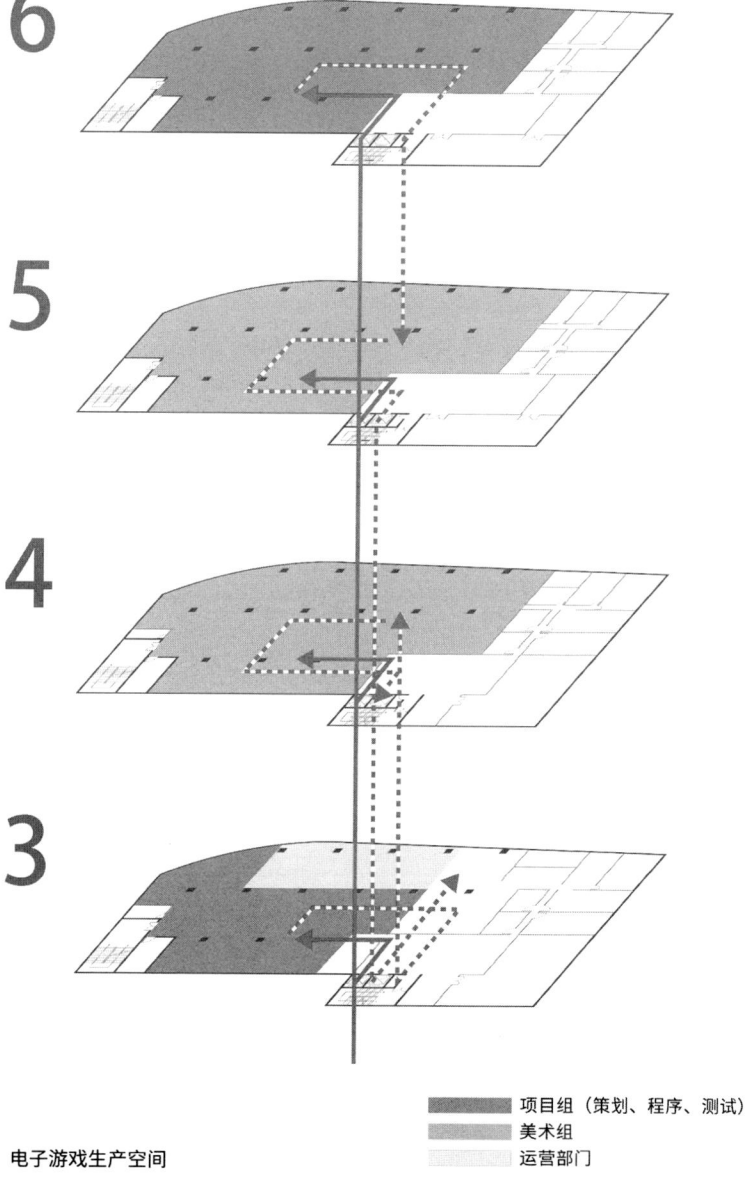

电子游戏生产空间

项目组（策划、程序、测试）
美术组
运营部门

电子游戏的研发过程

以某游戏公司研发中心为例,研发中心的主要业务为游戏研发和部分运营工作
其中游戏的研发分为策划、美术、程序、测试四大部门
在一个项目组中
策划部门担任的是想法提出、工作分配、协调沟通和结果验收的工作
美术部门、程序部门和测试部门配合策划部门进行工作
因此,某游戏公司研发中心的项目组会以策划部门为中心,其他部门围绕其分布

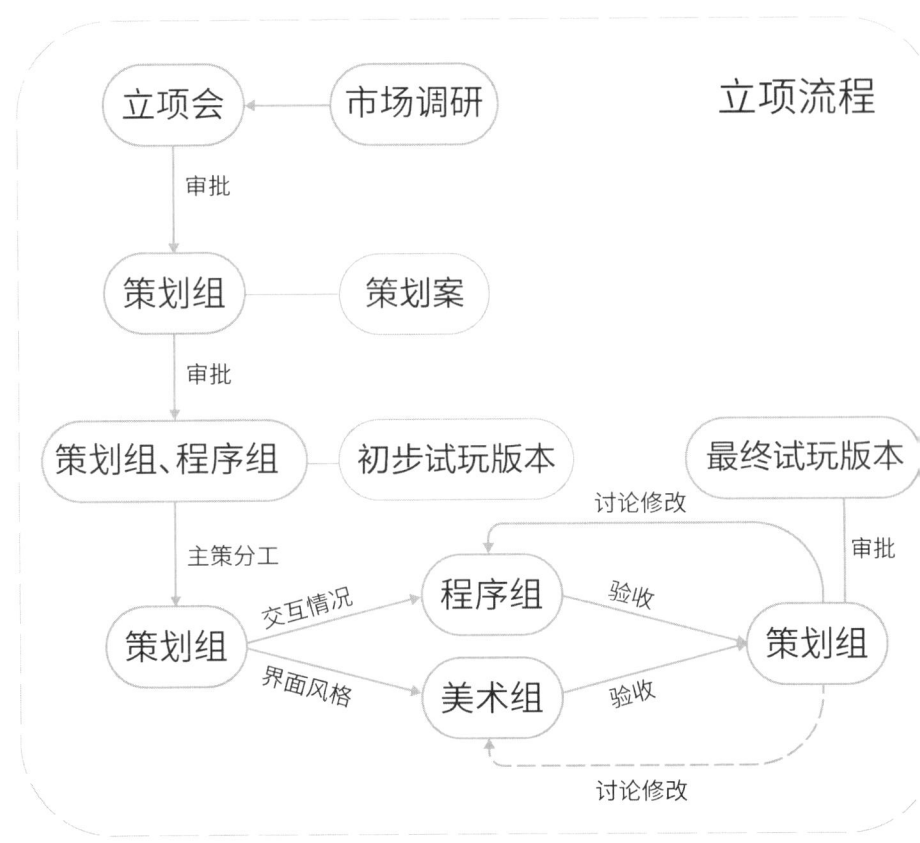

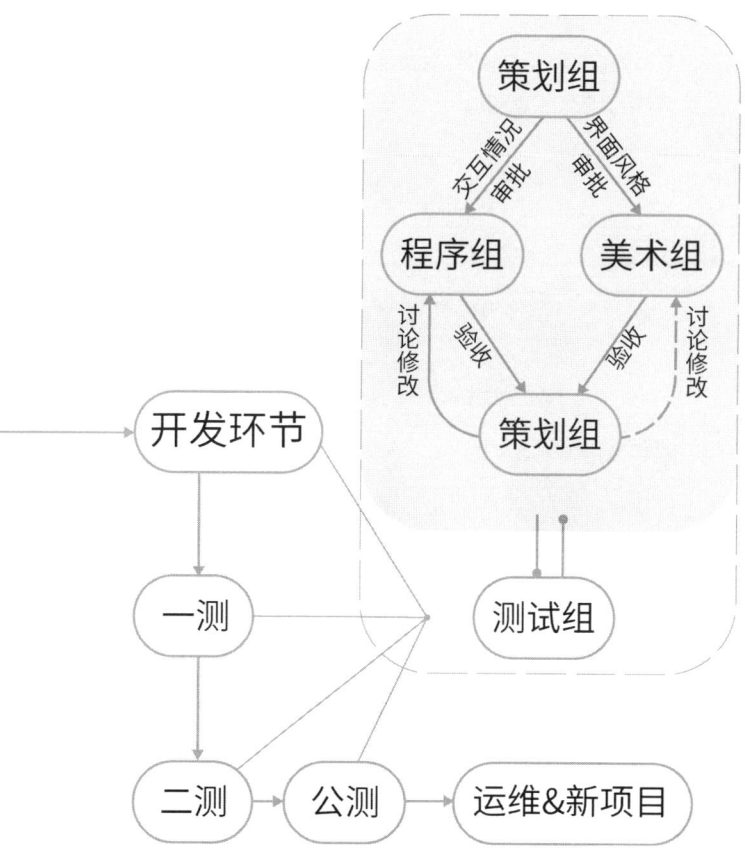

公司组织架构——科层制

科层制是实现公司职能分工的一种方式
优点在于能够实现职责明确、管理有序、信息传递清晰等目标
科层制将公司组织划分为若干个层级
每个层级都有其特定的职责和权利范围，不同的层级之间存在着明确的上下级关系和责任制

科层制能让公司实现对不同部门和职能的精细化管理，提高管理效率和生产效率
科层制还可以促进公司内部的沟通和协作，避免决策混乱和资源浪费
科层制也可以提供明确的晋升途径和职业发展路径，以激励员工积极工作

然而，科层制也可能带来一些问题
例如：过多的层级和烦琐的管理程序可能导致决策缓慢和效率低下
还可能导致信息流通不畅和责任推卸等问题

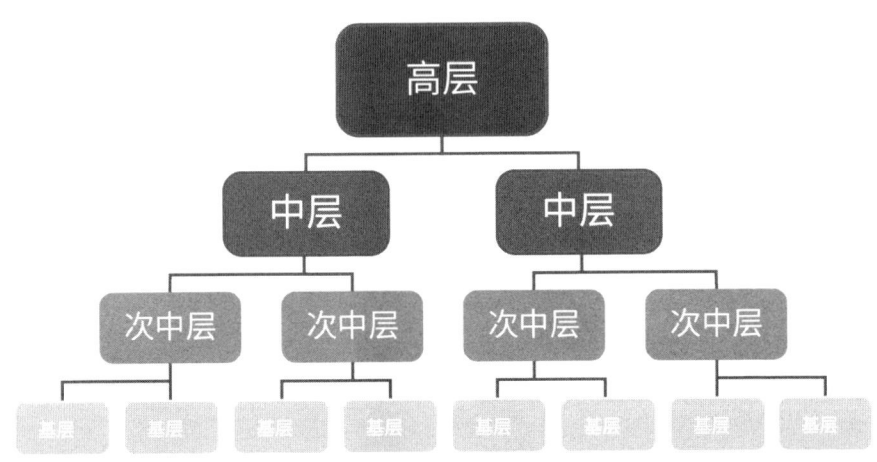

科层制组织图

开源社区组织架构——自组织

自组织是一种去中心化的组织形式
它不依赖于传统的层级结构或中央集权控制
而是由自发的、分散的、互相协作的个体或团体组成的
它们自主地协调和管理自己的行动
以达成共同的目标
自组织现象已经成为自然界和人类社会的一种重要现象

在商业领域中,自组织可以激发员工的创新能力和主动性,提高组织的灵活性和适应性
在社会活动中,自组织可以帮助人们更好地自我组织和协作,推动社会进步

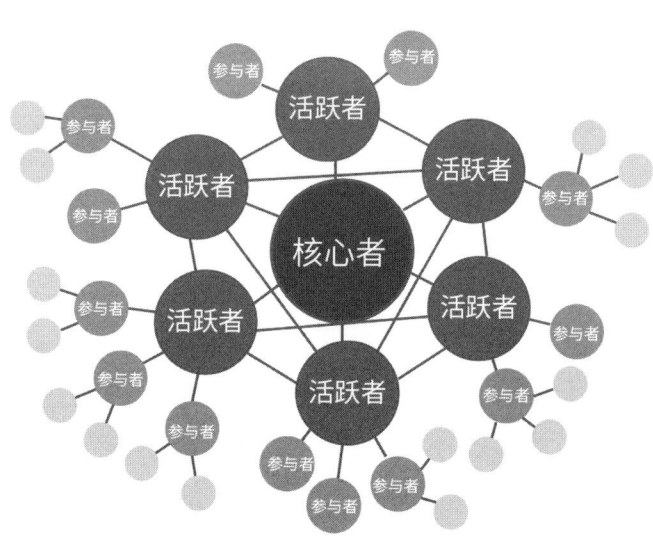

自组织组织图

公司组织架构

游戏公司内部的组织结构是科层制，员工以项目组来划分
在公司高层领导的直接管理下
游戏研发中心由游戏制作人把控项目的决策方向
同时与行政主管、运营主管和美术主管对接

在游戏项目体量比较小的情况下
公司选择将美术部门独立出来，以此提高美术资源利用的效率

在项目团队中，公司会选择让职务级别更高、经验更丰富的员工担任"小组长"

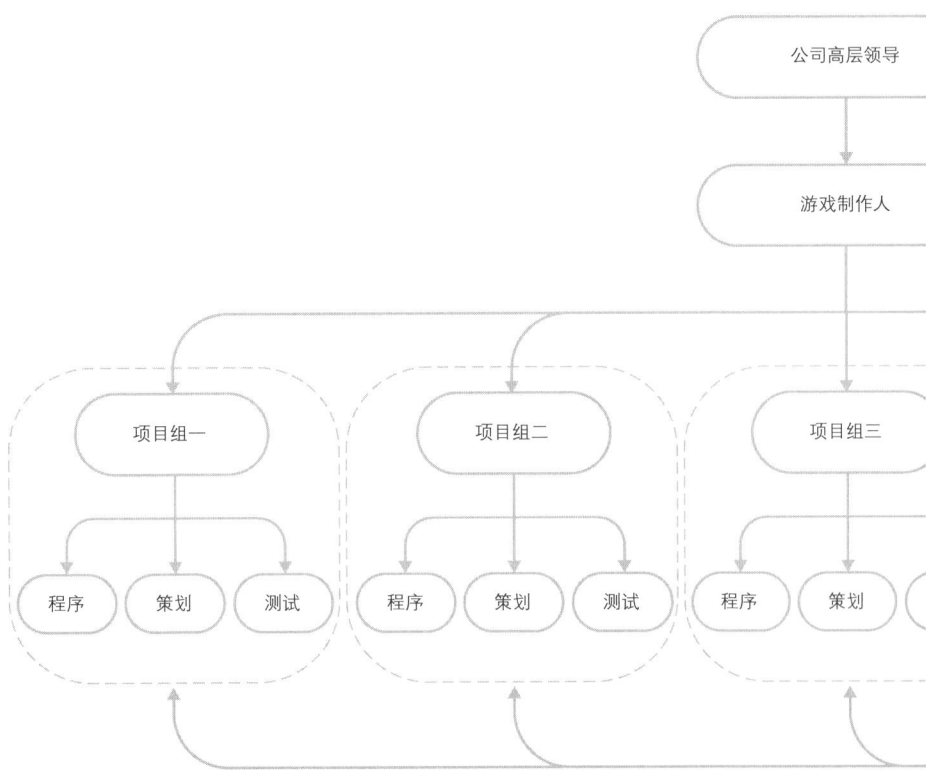

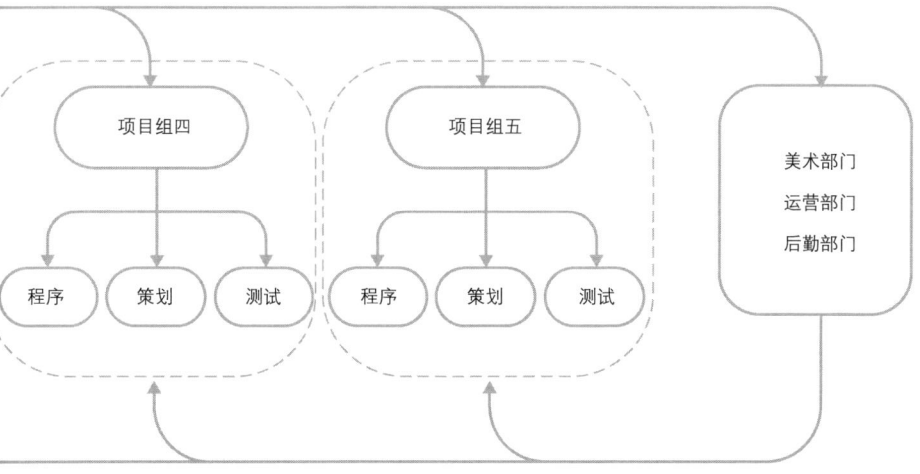

开源社区组织架构

游戏开源社区是指由一群开源游戏开发者、爱好者和用户组成的社群
他们自愿地共同合作、分享和交流游戏开发经验、技术、代码和资源

社区会选择一批有经验的核心开发者担任管理员，负责社区管理和技术支持等工作
所有社区成员可以通过提交代码的方式参与游戏的开发和维护
如修复 bug、编写文档、设计图形、设计音效等
社区会评估贡献者的贡献度，根据其贡献程度授予相应的权限

开源社区中也会有社区活动
为了促进社区成员之间的互动和交流
游戏开源社区会定期组织各种活动，如线上聚会、比赛、游戏测试等

在开源社区中，基金、理事会把控方向、提供支持服务
虽然不参与实际项目，但通过开办峰会引导连接用户，促进社区发展
也会有第三方组织技术委员会来共同监督决议过程

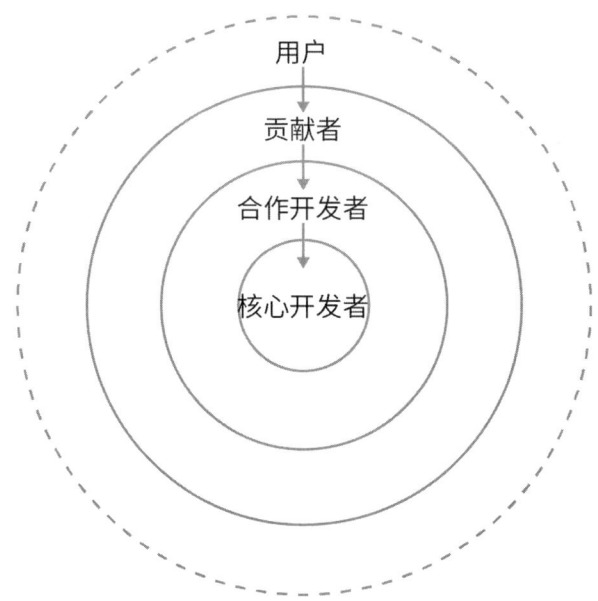

开源社区兴趣小组架构

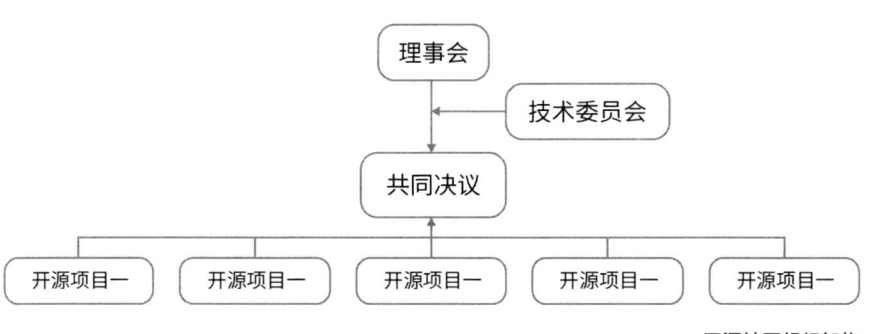

开源社区组织架构

数字化进程下的游戏生产空间

在游戏行业中，人工智能的主要应用有三种
AI 智能游戏引擎、神经网络算法和 AI 操作系统

游戏 AI 引擎可以帮助开发者简化游戏制作流程，降低制作难度，塑造随机地图和 NPC
极大提升了美术部门和关卡设计部门在 3D 图形设计技术上的质量

神经网络算法能让 NPC 更聪明，为玩家加强个性化交互游戏体验
极大减轻了文案部门的工作量

AI 操作系统可以直接识别玩家操作
使游戏产业第一次从间接的数字控制转向更自然的模拟控制

游戏公司员工的职责包括重复性体力劳动、非重复性体力劳动、管理劳动、沟通、素材收集、
信息处理、创意智能、知识智能和逻辑智能

其中，重复性体力劳动、素材收集和知识智能的劳动智能水平较低，比较容易被替代
非重复性体力劳动和信息处理的劳动智能水平较高
管理劳动、沟通、创意智能和逻辑智能的劳动智能水平最高，现阶段很难被替代

结果显示
行政部门的管理劳动、沟通占比较大，程序部门的逻辑智能占比较大
两者在现阶段都很难被替代
运营部门在信息处理上的占比较大，而人工智能在数据处理上的效率更高，可以辅助工作
美术部门中的原画、模型、动效和美宣部门的劳动智能水平普遍较低
策划部门中的文案部门劳动智能水平较低
测试部门的极大部分工作都是重复性体力劳动，适合用人工智能替代

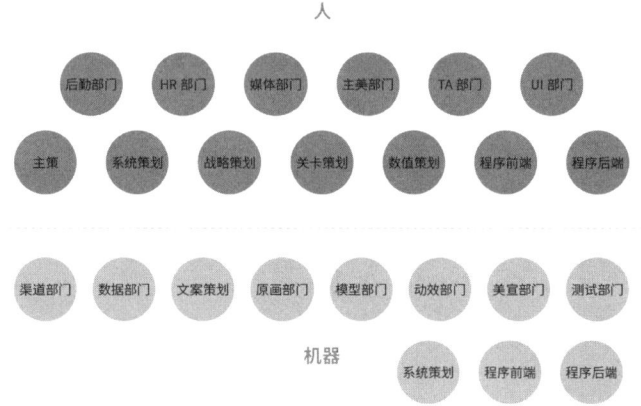

部门	名校	重点大学	普通一本	二本	三本	大专	中专	高中	其他	未知
后勤部门（30人）	30%			40%	30%					
HR部门（36人）		20%	30%	40%		5%				
数据部门（16人）			30%		10%		40%			20%
渠道部门（10人）		20%		40%		40%				
媒体部门（16人）			50%		20%			30%		
主美部门（64人）				40%	30%			30%		
原画部门（52人）			40%		10%	10%		30%		
模型部门（126人）			70%		20%	5%				
TA部门（44人）					50%					50%
动效部门（120人）			40%		10%	30%		20%		
UI部门（114人）			30%		30%		10%			20%
美宣部门（10人）			40%		10%	30%		20%		
主策划（共18人）				40%	30%			30%		
系统策划（76人）		5%			40%				10%	30%
文案策划（50人）			30%		10%	10%			40%	
战略策划（12人）		10%			30%			10%		30%
关卡策划（14人）	10%	10%			30%			30%		
数值策划（64人）	10%	20%			10%					40%
程序前端（222人）		20%			30%					50%
程序后端（185人）	20%	20%			20%					40%
测试部门（47人）	70%				10%					20%

111

04

关于"休息"的调查

陈俊睿

田野调查概述

在计算机算法、数据处理技术飞速发展的数字时代，算法作为一种实用的工具被广泛应用。在此背景下，人不再是米歇尔·福柯所提出的规训社会中的个体，而是转向吉尔·德勒兹提出的控制社会中的状态，即人由若干个分体构成，不同的分体取决于人在与哪个系统互动。控制社会，控制的是信息的传播、访问权限的渠道。这样理解，人也许可以被解构为两个部分，一部分是对系统有用的数据，而另一部分则是能被其他个体辨识的各种特质。我们成了"缺失的个体"，被系统分类、处理。我们在享受技术提供的种种便利时，也被技术所制约。

本次田野调查以某游戏公司作为对象，深入挖掘在现代看似更开放、更进步、更人性化的办公空间背后的控制逻辑，探讨在广泛应用算法技术的游戏公司，有没有将技术渗透进办公空间、管理系统的可能？除去工作能力、绩效等数据外，作为个体的员工应该被如何对待？在研究探讨这些问题后，对游戏公司空间设计进行分阶段的策略设计，提出未来游戏公司空间设计的新模式。

基于对该公司的观察和基本认知，我走到办公楼之外，以另一条线索思考公司——抽烟社交。香烟，是迅速拉拢两个烟民间距离的利器。烟民群体也是一个公司众多群体中的一个样本。当然，要明确的是，吸烟，对于吸烟员工的意义是什么？对于长期伏案的工作者而言，吸烟已经成了缓解压力、休息、社交的重要方式。我希望可以通过这种方式发掘他们日常工作的"秘密"。

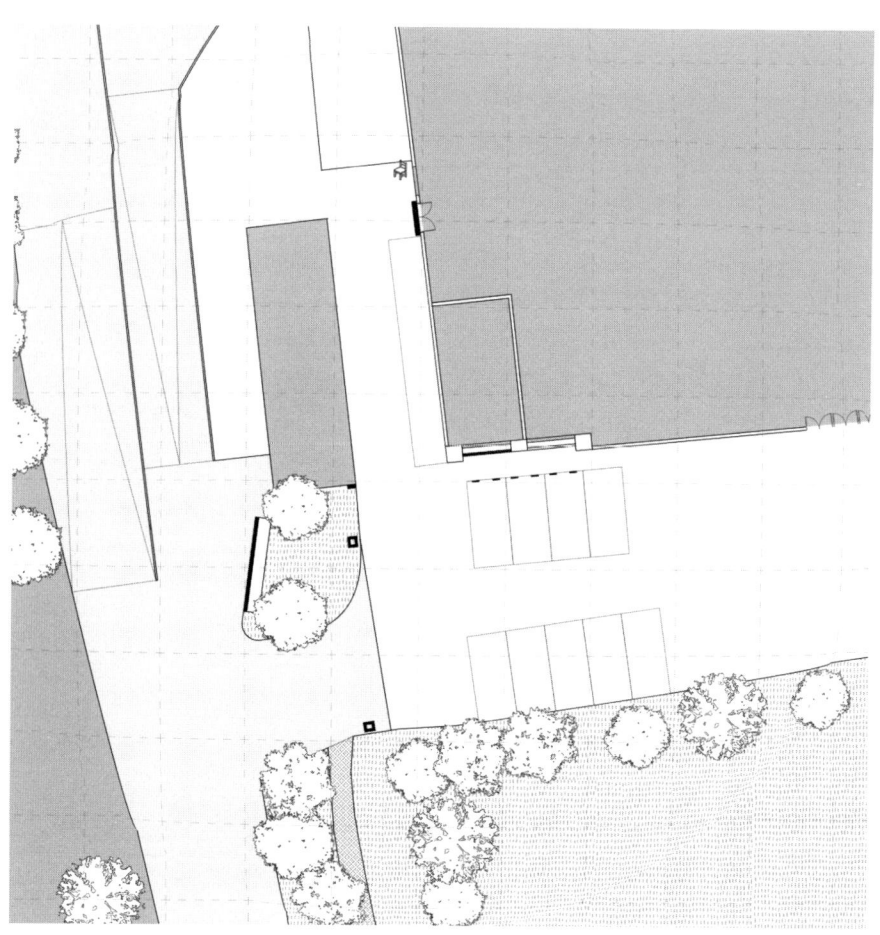

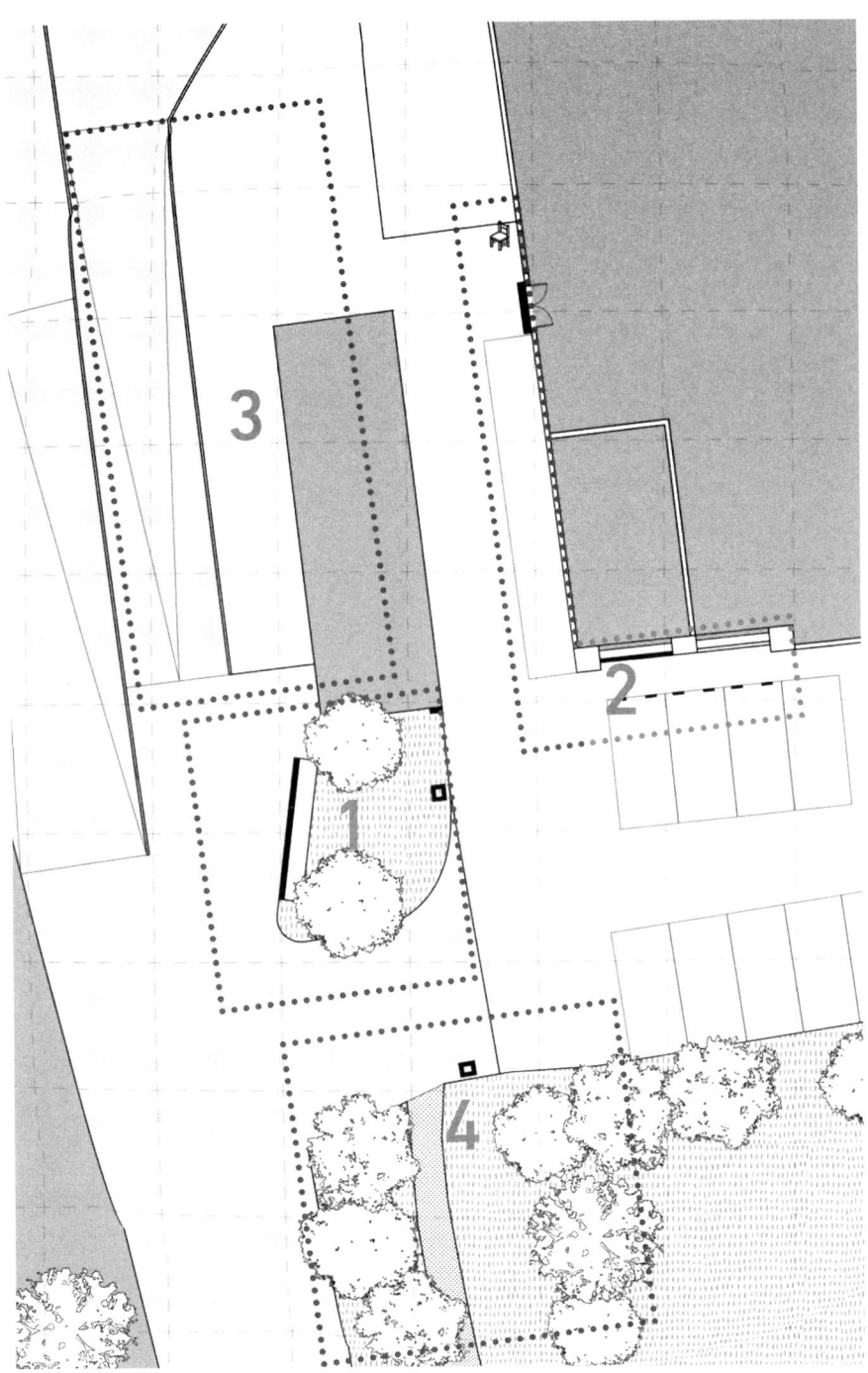

1号点位：大厅

树荫下的点位中，虽然公共家具的数量与种类最少，但人与人之间的距离却更近。这里是最适宜社交的场所之一。

2号点位：雅座

点位中有各式各样的台阶、座椅，即便是停车位上的挡车器也能被吸烟者利用。

3号点位：室外卡座

点位中的栏杆为吸烟者提供了多种姿态的休息方式。空间宽敞、适宜社交，与1号点位相比，它多了舒适的阳光，但同时也受天气影响。

4号点位：会面室

4号点位包括临近公司的公园以及公园入口处的垃圾桶。吸烟者多两两相伴散步。

时空分布

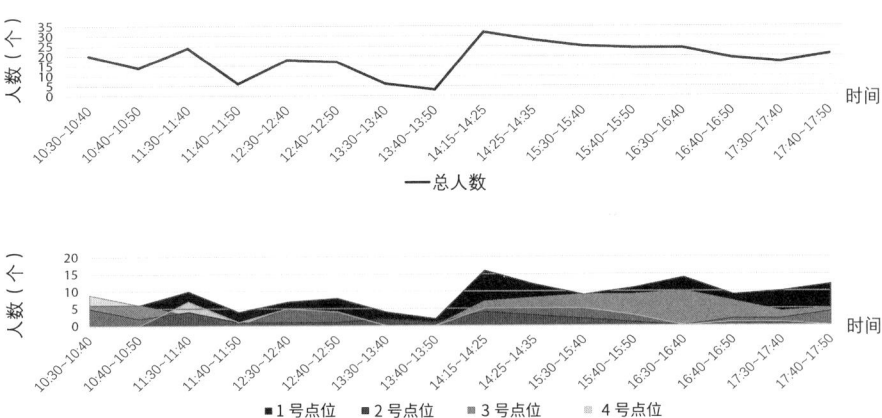

在对吸烟者进行数据统计和访谈的过程中发现，全公司员工的吸烟行为分布并无明显的时间趋势，吸烟者的分布情况也比较自由。

在对吸烟者的行为进行调查时发现，吸烟者在室外广场除了吸烟、闲聊等休闲活动外，还经常出现讨论工作、召开小型会议的情况。

发现

1. 从人数分布图中可看出,1 号点位始终是最热门的吸烟点,3 号点位次之
2. 上午和中午吸烟者均匀分散在 4 个点位,而中午的吸烟者则偏爱树荫下的 1 号点位
3. 3 号点位在午休之后人数略微增多,推测是因为太阳在下午会透过树叶的遮蔽,相比晨间更为舒适
4. 2 号点位尽管人数一直不多,但每个时间段几乎都有人
5. 4 号点位尽管环境幽美,但人数分布依然较少,分布者以中午的吸烟者为主
6. 伴随抽烟最主要的行为是社交与闲聊。每天聚集聊天,也让抽烟群体产生了一种群体认同感

吸烟区的中心标志与象征物——烟灰缸

休息的姿态

 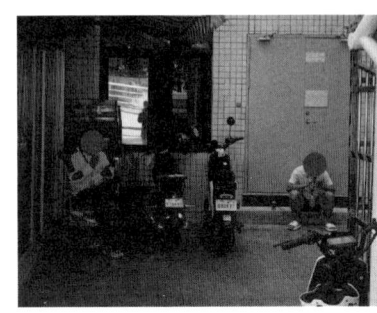 

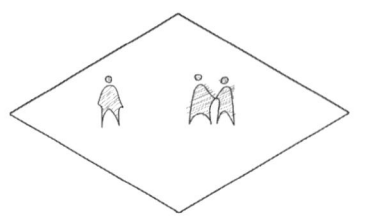 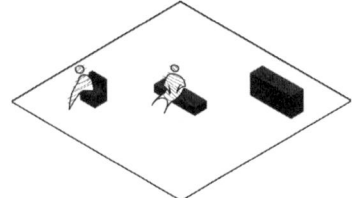 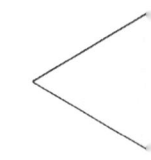

伫立与社交

调查中最常见的状态，吸烟者独自或成群伫立，聊天或看手机，逗留时间不定，后来者常会加入先来者的闲聊或讨论。

常规坐法

由于"坐"的动作常常需要依赖场地中的公共家具，因而2、3号点位的台阶是最受欢迎的，1号点位也偶有蹲坐的吸烟者。

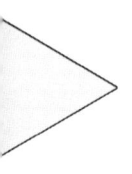 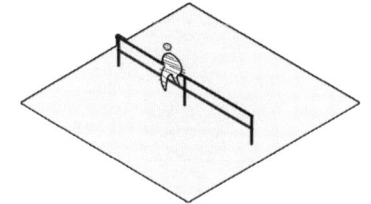 

靠与离群

倚靠的动作相比，"坐"容易发生，只要有一个直的界面就可以实现了，们通常一开始只是站着，一段时间便不自觉地寻倚靠的物体。

骑栏杆

这是 3 号点位的专属动作。吸烟者常与闲聊的同伴一起骑在栏杆上。由于重心并不稳定，吸烟者不会在栏杆上停留太久。

另类坐法

2 号点位出现了一种另类坐法——坐在挡车器上，这是吸烟者为了与窗台上的同伴聊天而出现的动作。由于这种姿势不太容易找到平衡，吸烟者通常不会在挡车器上停留太久。

传说中的吸烟室

据说,原吸烟室设置在办公楼每层东北角的专用吸烟室,但现在那里已经改为女卫生间。在新公司装修完成之后,吸烟员工必须走出办公楼吸烟,他们在室外建立了新的"根据地"。

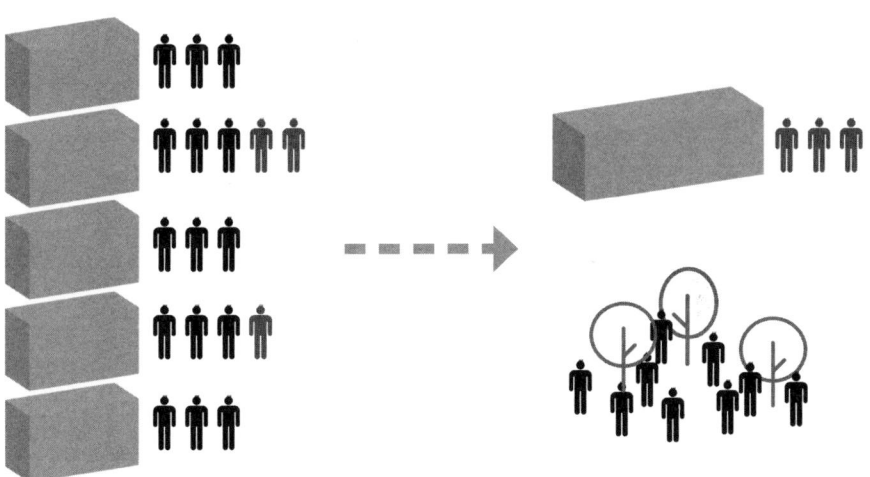

構想

Project

在设计阶段，可以不再限定针对具体场地及场地相关问题提出解决方案，而是在 64m x 64m x 64m 的立体网格中围绕所关注的议题进行设计构想，基于对议题的空间组织关系进行识读，从而在形式上无差别的、完全均质的抽象空间网格之中，定义时间、人群、空间、类型，提出社会模型。从某种意义上讲，该立体网格并非一个限定的正方形或立方体，而是一个起点。模型可以在此基础上无限复制、变化、拓展。

01

科创帝国

——科创孵化基地的知识生产与日常生活

张津萌　杨亮东

孵化机制与空间组织

随着孵化基地的不断发展,越来越多的人加入,每个阶段的团队数量逐渐增多,随之而来的就是空间的扩张。根据漏斗模型,在创业初期,设置较多空间,随着创业的深入,相对应的创业人数有所减少。

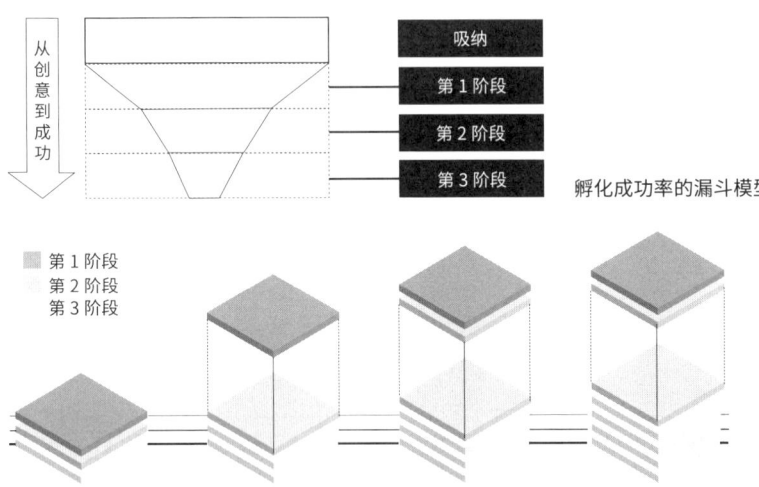

孵化成功率的漏斗模型

交通动线与空间组织

为满足高效、便捷的交通动线,建立了双侧的纵向动线。
在横向平面中设置环绕中心的交通动线,将基础功能分布在四周,服务科创孵化的知识生产与日常生活。

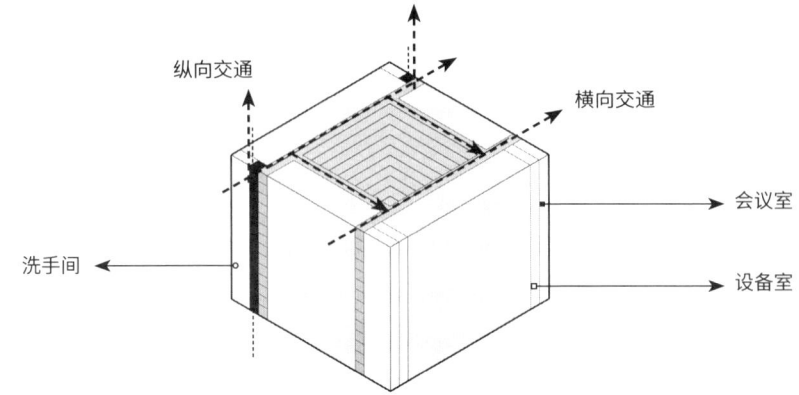

周边"物"——生产生活要素

墙壁通过不同的开口大小进行重新定义,以创建新的空间界限——私密和模糊的领域。按照调研的结果,对不同要素的开放性或私密性进行赋值,讨论开放和私密的关系。

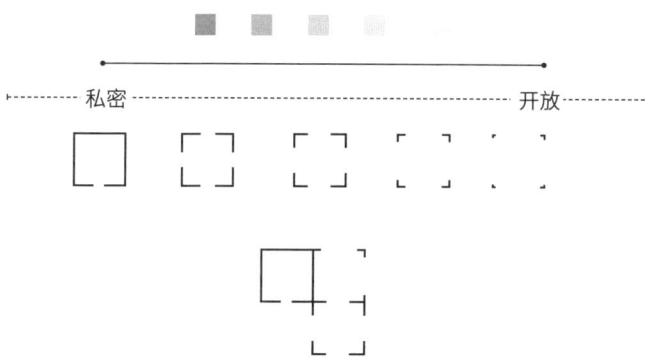

中心"人"——领袖空间

中庭空间是孵化过程中的一个精彩高潮,环廊、竞演舞台、上下连接的楼梯、创业成功产品的展示空间,记录着创业者从膜拜领袖到最终成为领袖的过程,形成一个多元化的领袖空间。

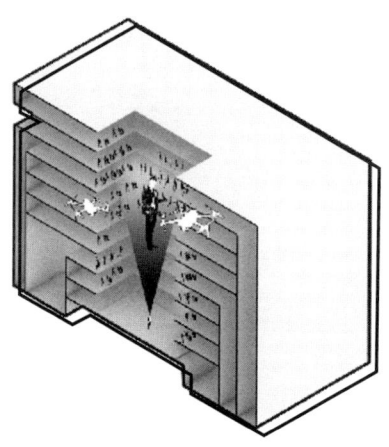

空间原型与平面布局——第 1 阶段　体验期

周边"物"——生产生活要素
生产生活要素：办公桌

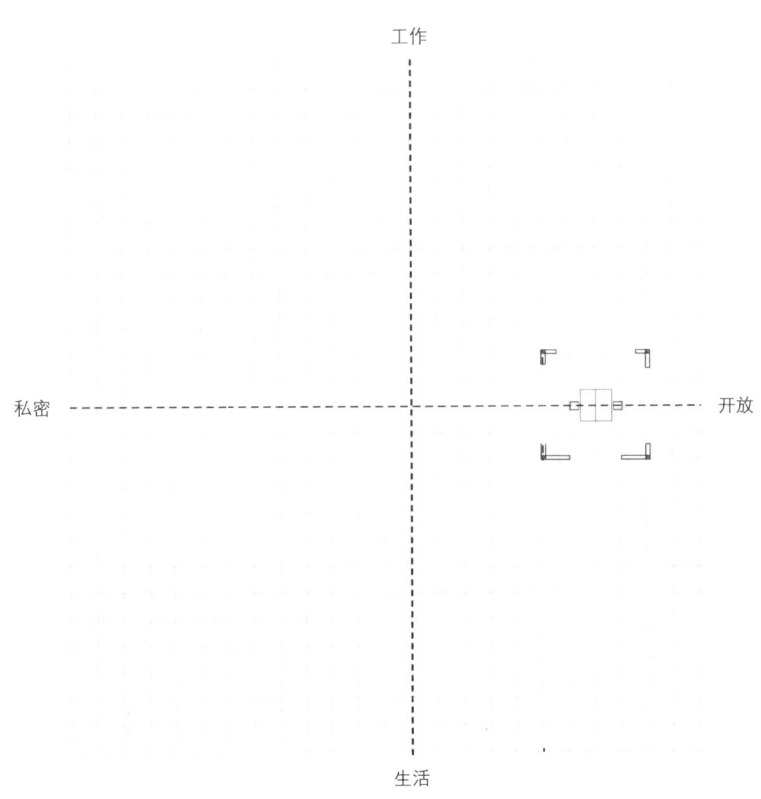

空间布置原则：

初期以吸引更多创业体验者进行参观、体验创业为主要目标，吸纳人才，提升项目数量。因此，体验期空间利用开放的空间界限以提供充足的机会进行人才的吸纳以及知识的共享。强调中心开放、共享的知识平台，即领袖空间所提供的展览、演讲、知识分享等功能。

中心"人"——明星效应和领袖空间

阶段关键词：公平、自由、向往、崇拜、体验
领袖辅导学员模式：1人对多人
领袖类型：基地领袖
领袖空间原型：
古罗马帝国广场
原型特征：开放性、纪念性

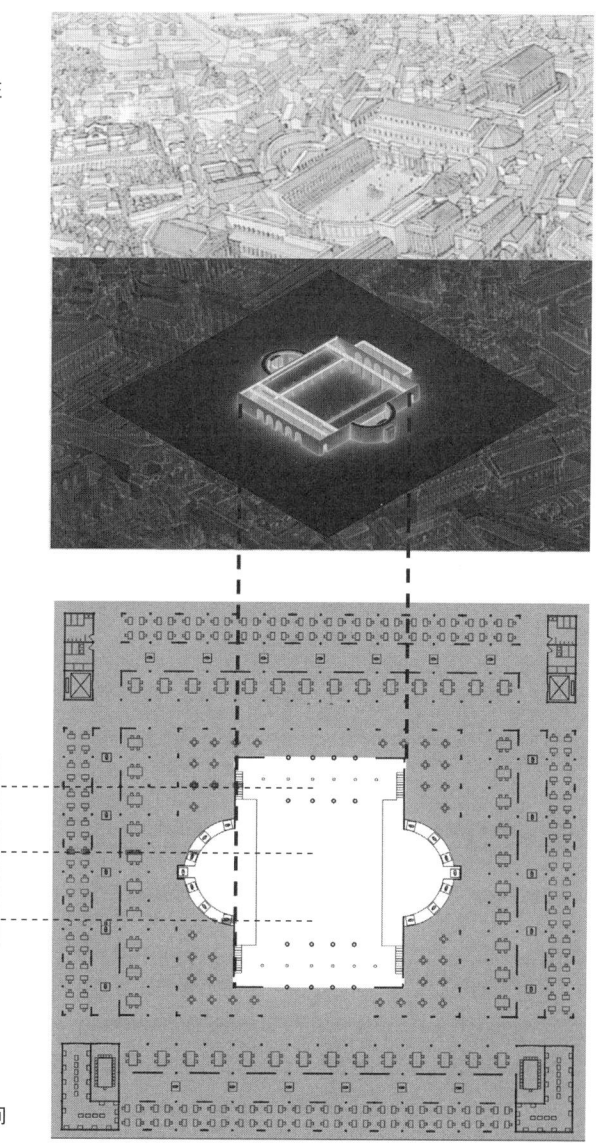

广场廊道

广场中庭

广场看台

领袖空间

第1阶段　体验期平面图与轴测分析图

周边"物"——生产生活要素：办公桌
中心"人"——领袖空间原型：古罗马帝国广场

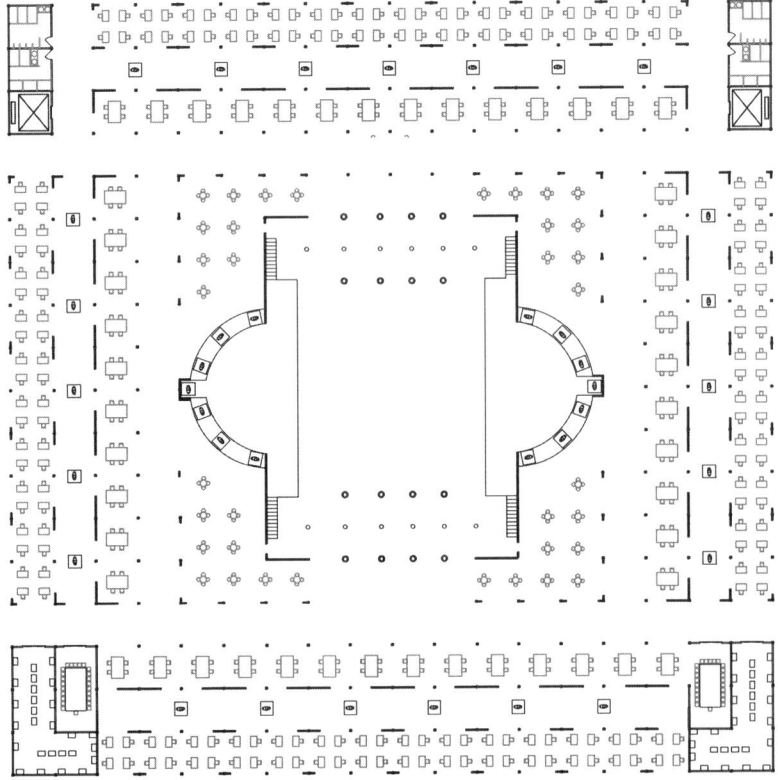

平面图

展览空间
塑造领袖的神圣感，提高领袖在学员心中的被崇拜程度

领袖会场
大面积的广场空间可以满足不同的情景。领袖辅导的1人对多人的模式也进一步在此强化

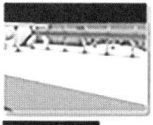
广场看台
夹层可以由学员自行使用，也可在路演时用作看台

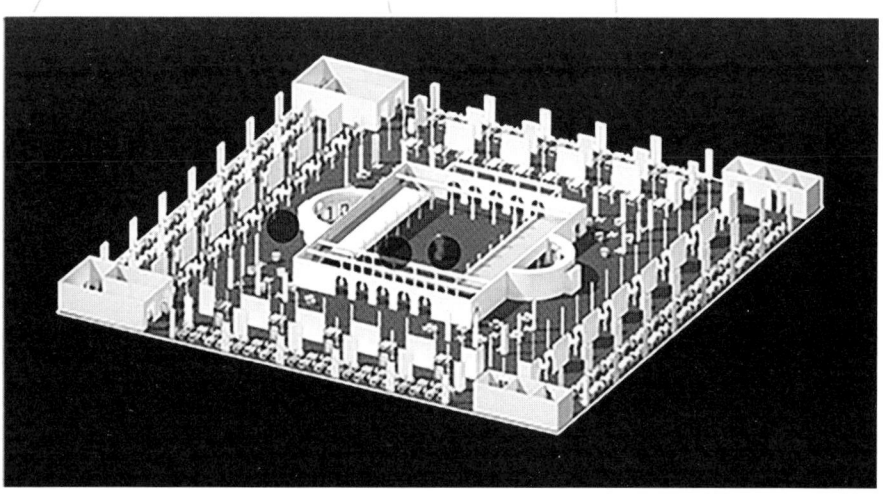
轴测分析图

空间原型与平面布局——第 2 阶段　项目探索期

周边"物"——生产生活要素

生产生活要素：办公桌、灵感板、实验台、实践场、圆桌、置物架、床

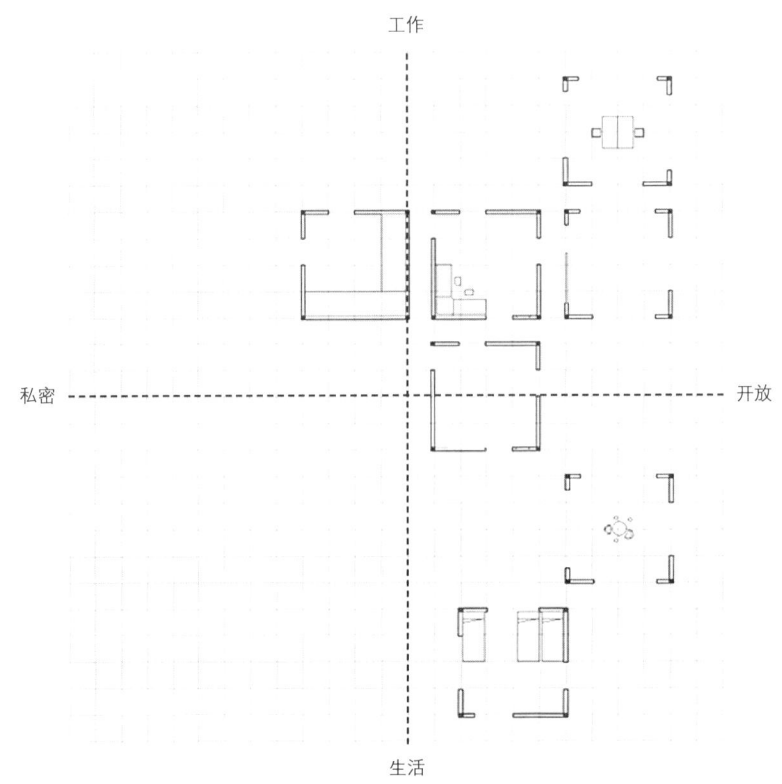

空间布置原则：

在项目探索期、项目深化期和项目融资期三个阶段，孵化空间呈现出中心开放、周边私密的特点，按照田野调研报告中生产生活要素的空间性质和空间界限组成孵化团队办公室，满足科创孵化的知识生产与日常生活。中心领袖空间强调知识的交流与共享，提供竞赛场、作战室、看台等功能。

中心"人"——明星效应和领袖空间

阶段关键词：探索、体验、竞争、侧重性、沟通
领袖辅导学员模式：1 人对 1 人
领袖类型：基地领袖
领袖空间原型：古罗马斗兽场
原型特征：竞技性

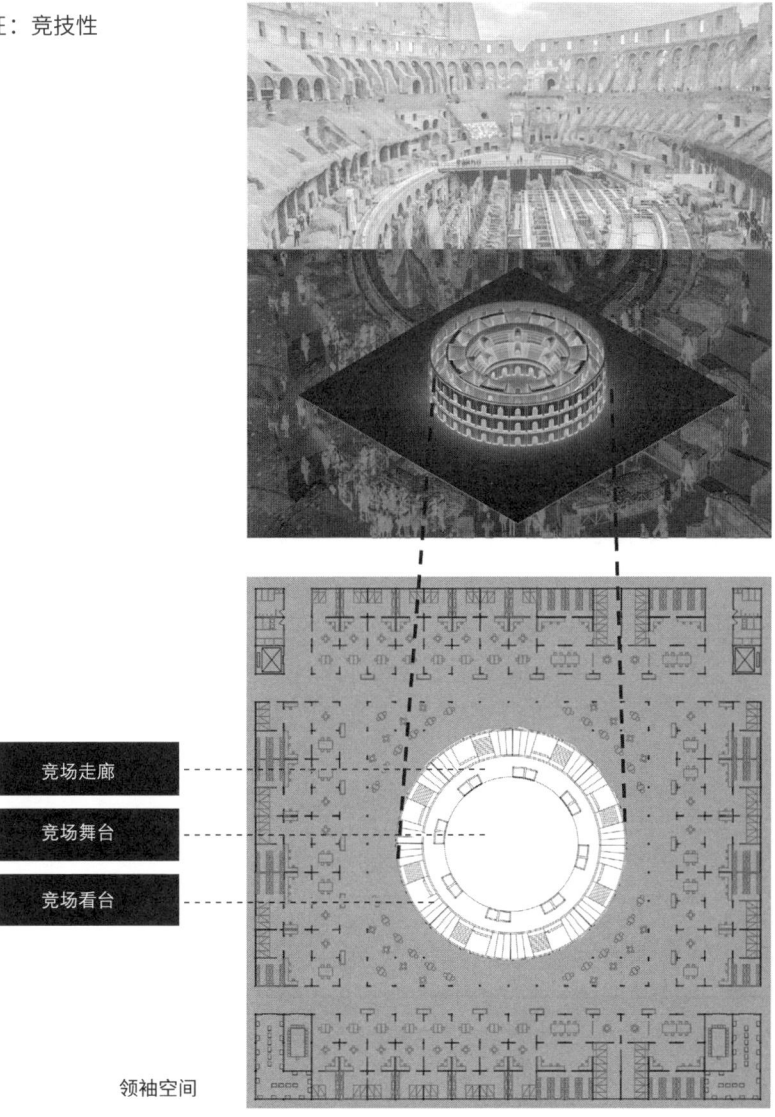

- 竞场走廊
- 竞场舞台
- 竞场看台

领袖空间

第 2 阶段　项目探索期平面图与轴测分析图

周边"物"——生产生活要素

生产生活要素：办公桌、灵感板、实验台、实践场、圆桌、置物架、床

中心"人"——领袖空间原型

领袖空间原型：古罗马斗兽场（也称"古罗马竞技场"，后简称"竞技场"）

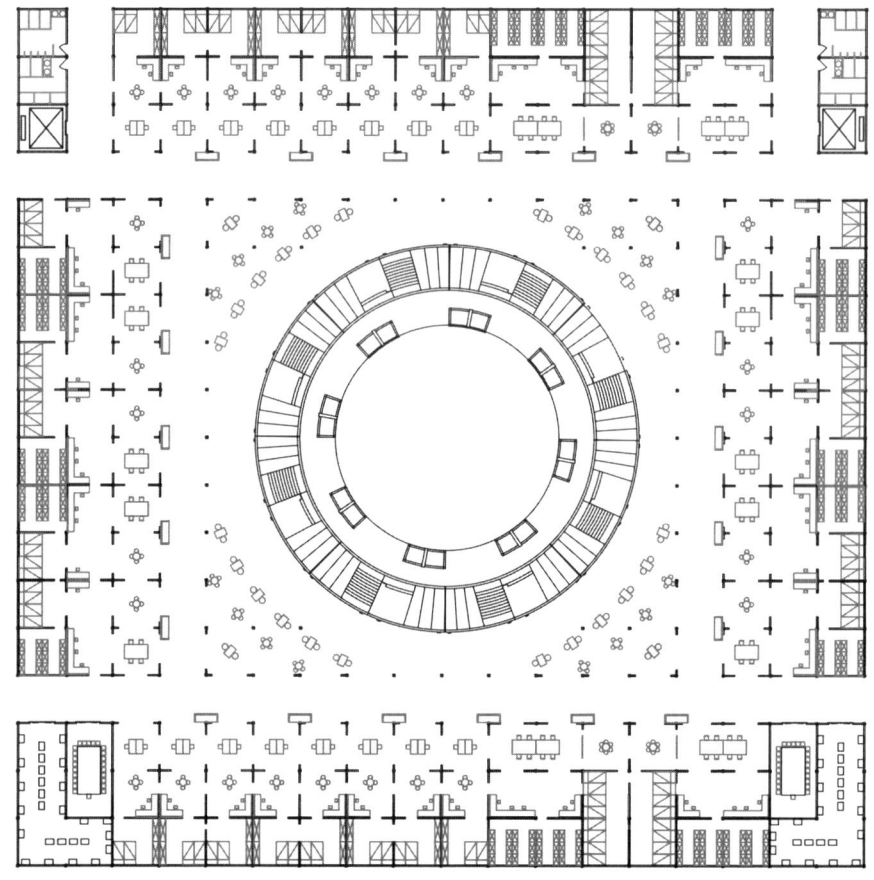

平面图

竞技场走廊
每层竞技场都有圆形走廊,作为领袖+成功企业的展示空间

竞技舞台
竞技舞台的外围是学员与领袖近距离交流的空间

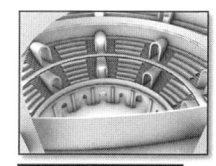
竞技场看台
阶梯在路演时用作看台

探索期,领袖与学员的关系进一步密切。此阶段的竞技感也更加明显。竞技舞台揭露竞争的残酷性并激发创业者的斗志。

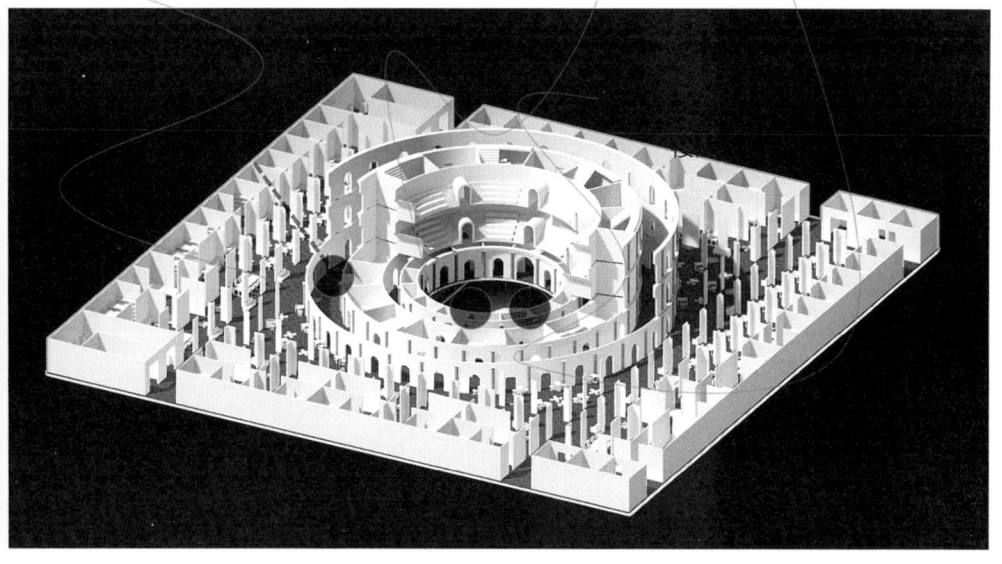
轴测分析图

空间原型与平面布局——第 3 阶段 项目深化期

周边"物"——生产生活要素

生产生活要素:办公桌、灵感板、实验台、实践场、圆桌、置物架、床

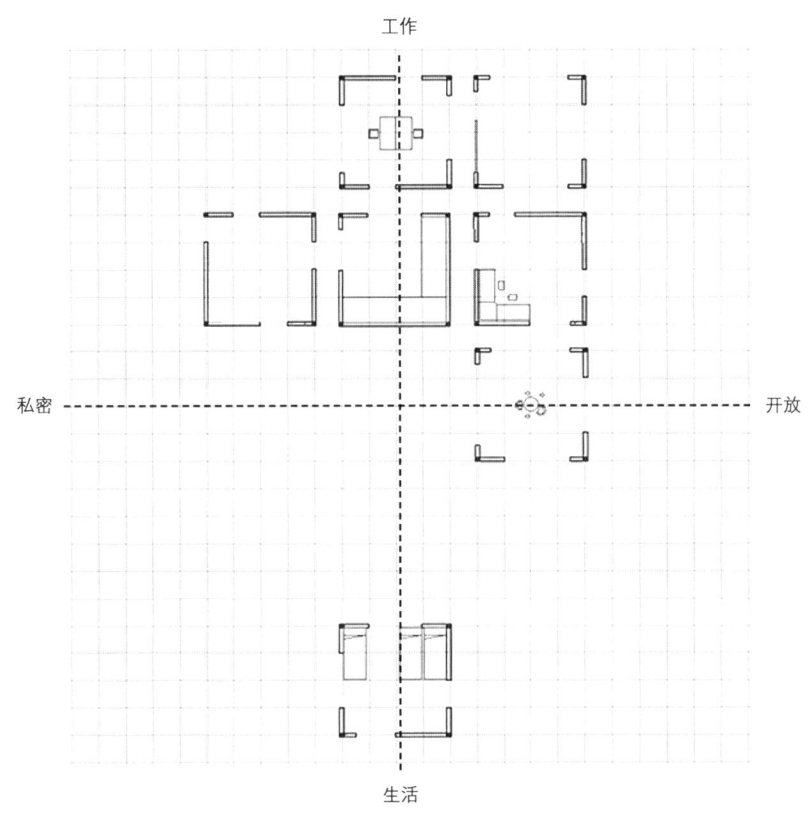

空间布置原则:

在项目探索期、项目深化期和项目融资期三个阶段,孵化空间呈现出中心开放、周边私密的特点,按照田野调研报告中生产生活要素的空间性质和空间界限组成孵化团队办公室,满足科创孵化的知识生产与日常生活。中心领袖空间强调知识的交流与共享,提供竞技场、作战室、看台等功能。

中心"人"——明星效应和领袖空间

阶段关键词：交易、谈判、切磋、资本、营销
领袖辅导学员模式：1人对小团队
领袖类型：基地领袖 + 企业领袖
领袖空间原型：古罗马浴场
原型特征：多元化

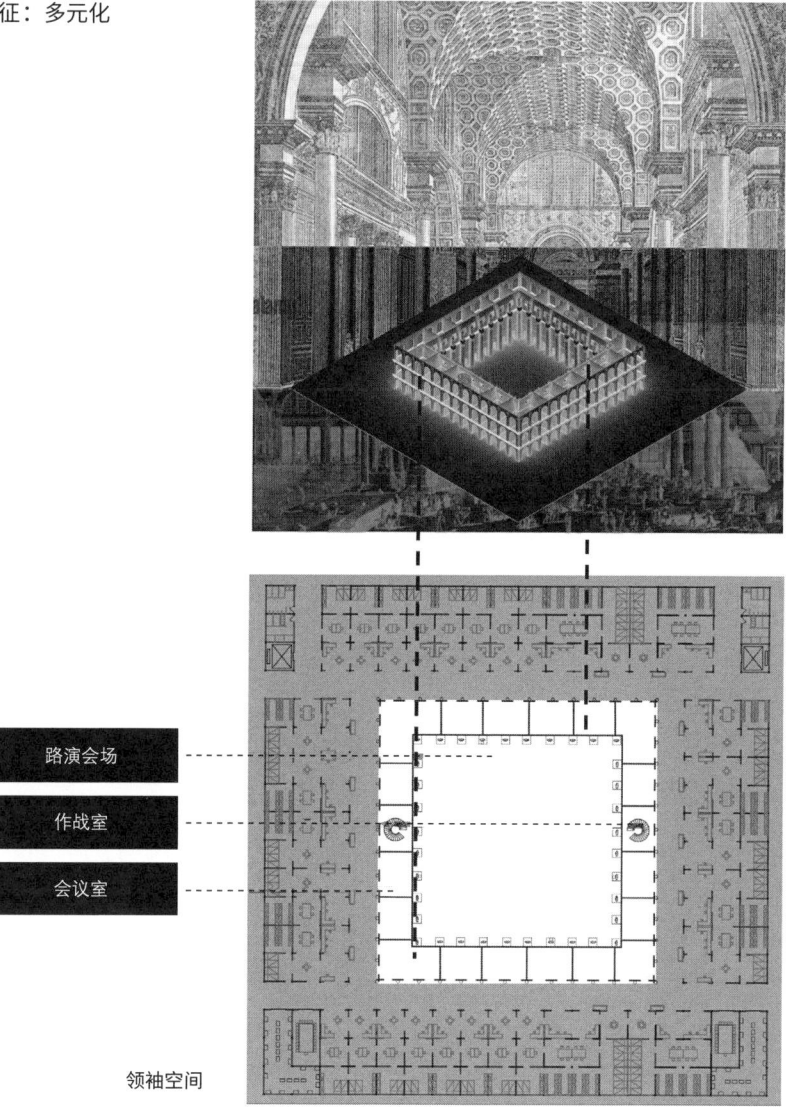

- 路演会场
- 作战室
- 会议室

领袖空间

第 3 阶段　项目深化期平面图与轴测分析图

周边"物"——生产生活要素
生产生活要素：办公桌、灵感板、实验台、实践场、圆桌、置物架、床
中心"人"——领袖空间原型
领袖空间原型：古罗马浴场

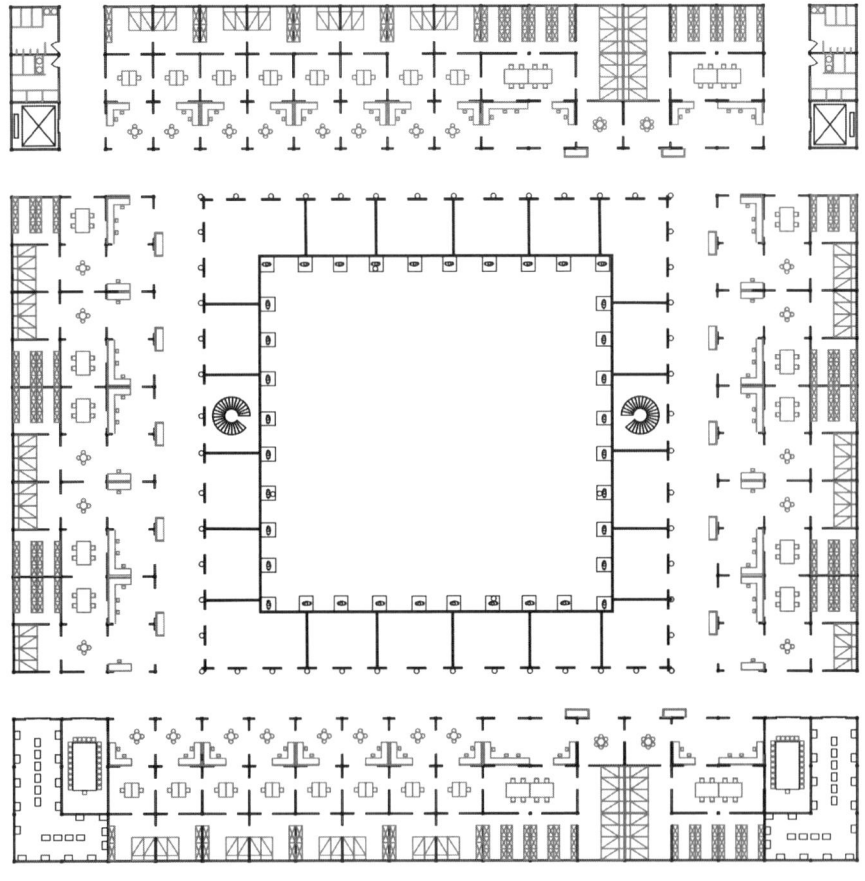

平面图

 为团队及团队领袖提供更多的作战空间

作战室

 资本的介入带来了企业中的领袖。扩大会场空间为团队提供好的表现舞台

路演会场

 会议室为规模较大的团队和领袖使用

会议室

化期的领袖空间具有更强的私密性。大量的作战室与会议室提高了领袖和创业者之间的交流频率。

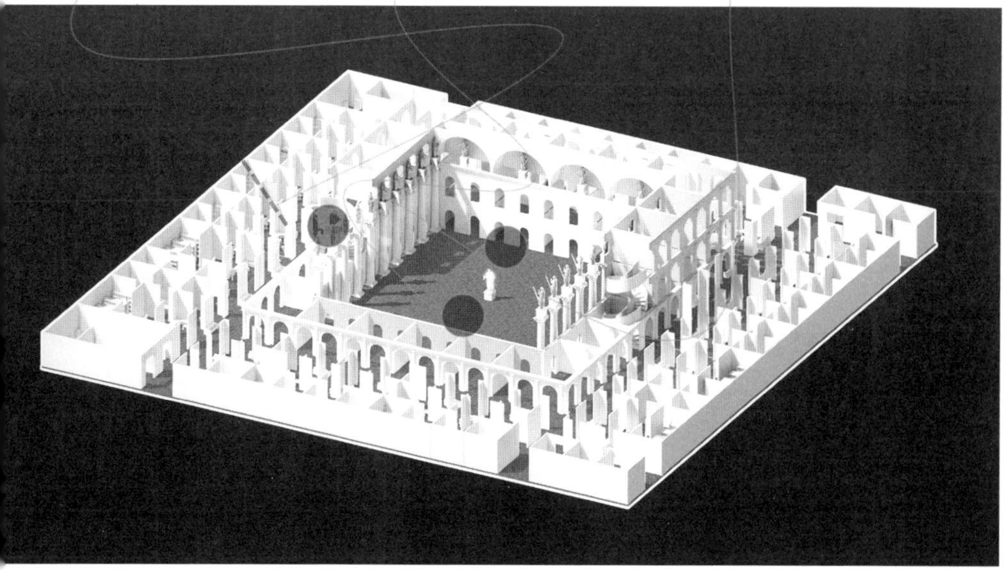

则分析图

空间原型与平面布局——第 4 阶段　项目融资期

周边"物"——生产生活要素

生产生活要素：办公桌、灵感板、实验台、实践场、圆桌、置物架、床

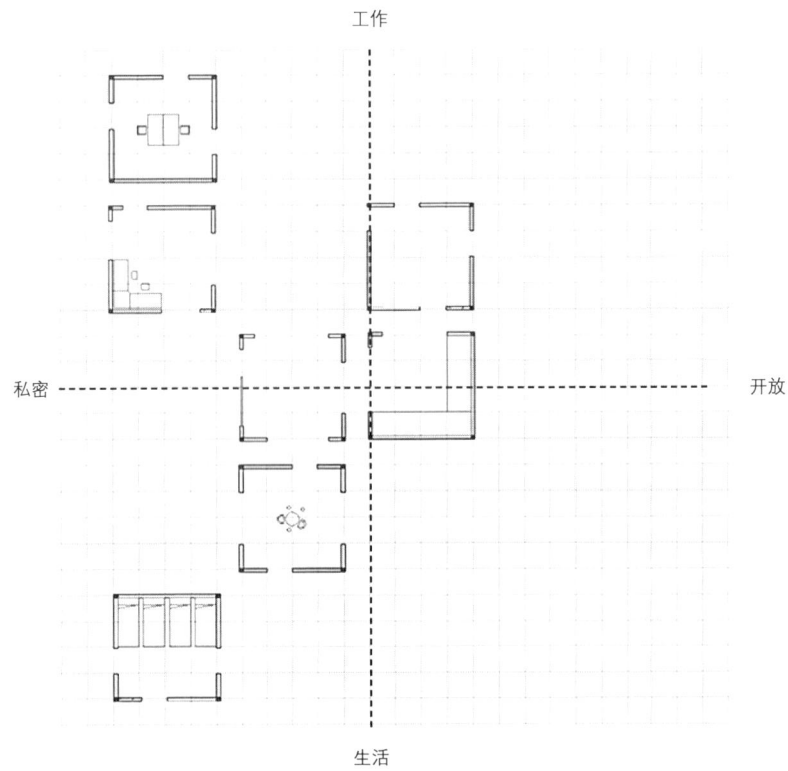

空间布置原则：

在项目探索期、项目深化期和项目融资期三个阶段，孵化空间呈现出中心开放、周边私密的特点，按照田野调研报告中生产生活要素的空间性质和空间界限组成孵化团队办公室，满足科创孵化的知识生产与日常生活。中心领袖空间强调知识的交流与共享，提供竞技场、作战室、看台等功能。

中心"人"——明星效应和领袖空间

阶段关键词：办公、融资、管理、规模、成熟
领袖辅导学员模式：3人对小团队
领袖类型：企业领袖 + 高级领袖
领袖空间原型：古罗马巴西利卡
原型特征：公共性

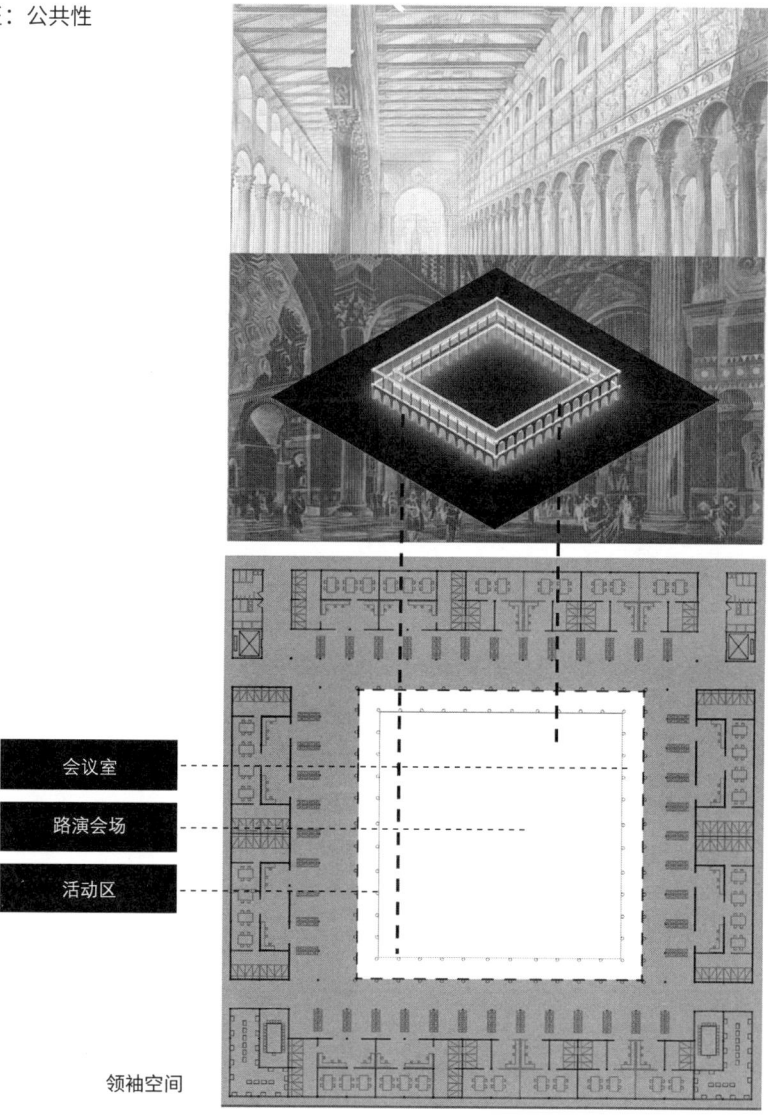

会议室
路演会场
活动区

领袖空间

第 4 阶段　项目融资期平面图与轴测分析图

周边"物"——生产生活要素
生产生活要素：办公桌、灵感板、实验台、实践场、圆桌、置物架、床
中心"人"——领袖空间原型
领袖空间原型：古罗马巴西利卡

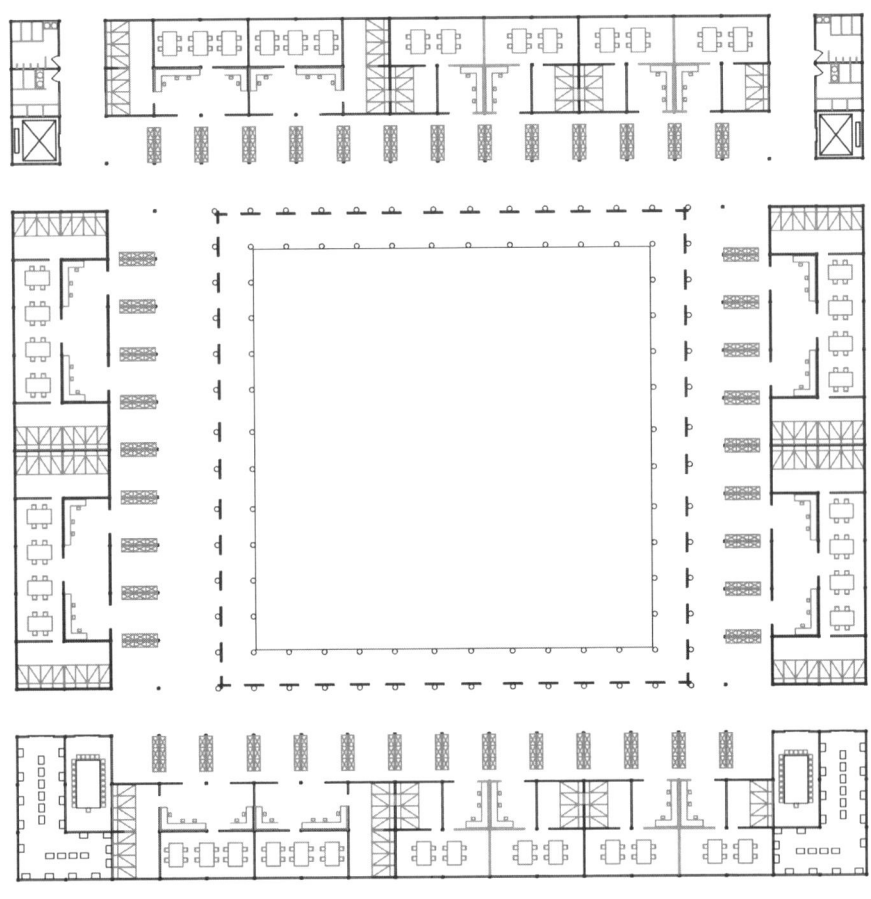

平面图

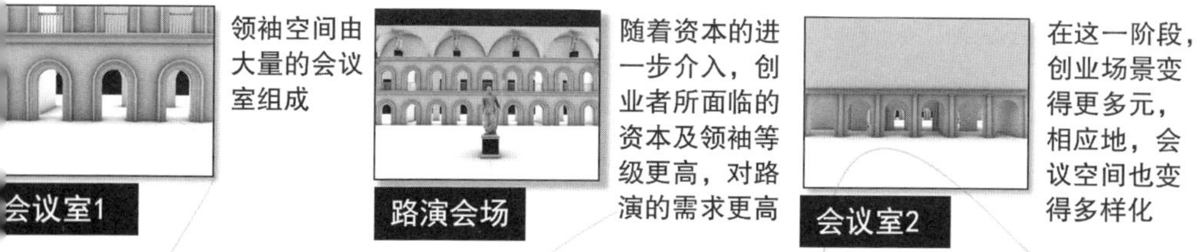

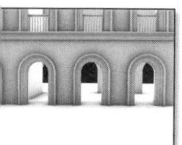 会议室1 — 领袖空间由大量的会议室组成

 路演会场 — 随着资本的进一步介入，创业者所面临的资本及领袖等级更高，对路演的需求更高

 会议室2 — 在这一阶段，创业场景变得更多元，相应地，会议空间也变得多样化

该时期的领袖空间更加封闭，且该阶段的领袖空间小单元更多，也更加丰富。

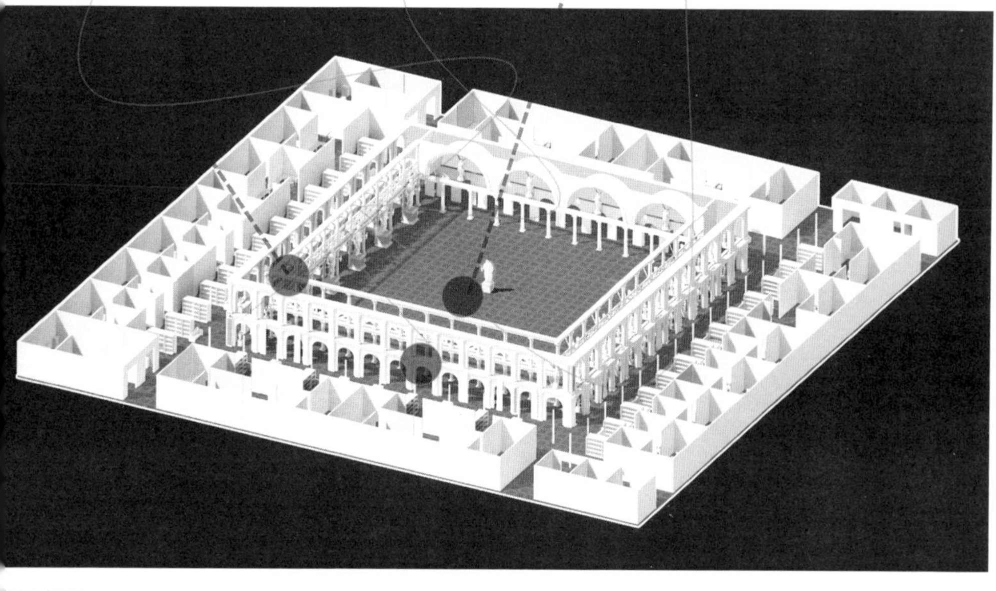

测分析图

空间原型与平面布局——第 5 阶段　初创企业期

周边"物"——生产生活要素

生产生活要素：办公桌、灵感板、实验台、实践场、置物架、床

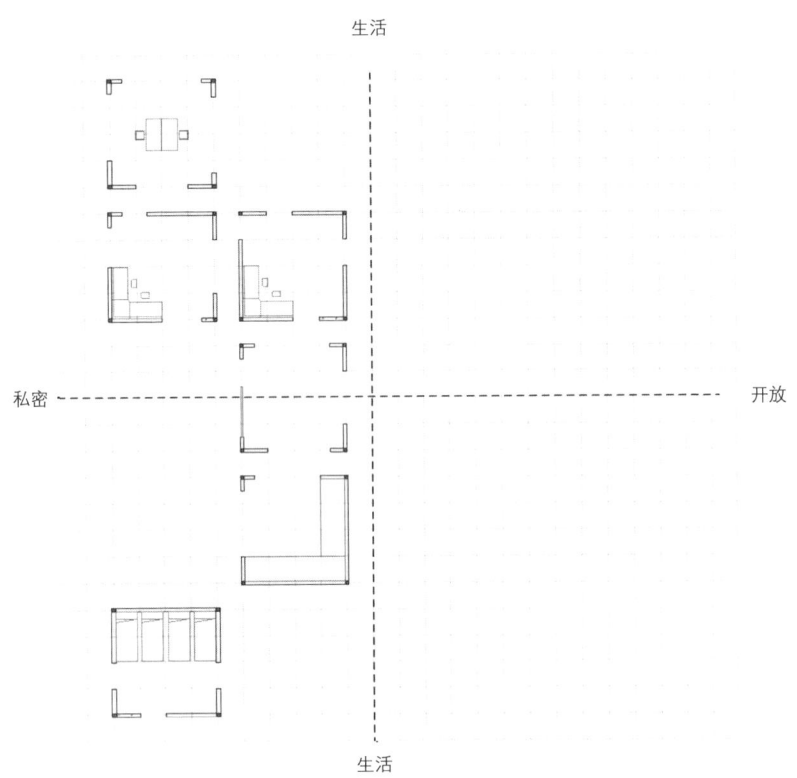

空间布置原则：

成为初创企业后，创业空间逐渐向现有的传统办公空间转变，即不同功能空间界限明确，工作分工明确，成熟的创业团队转变为初创企业。以万神殿为空间原型，中央大厅记录着成功与荣誉，也是创业成员成为新领袖的象征。

中心"人"——明星效应和领袖空间

阶段关键词：成熟、成功、规模、神圣
领袖辅导学员模式：多人对小团队团长
领袖类型：神圣领袖
领袖空间原型：古罗马万神殿
原型特征：中心性、纪念性

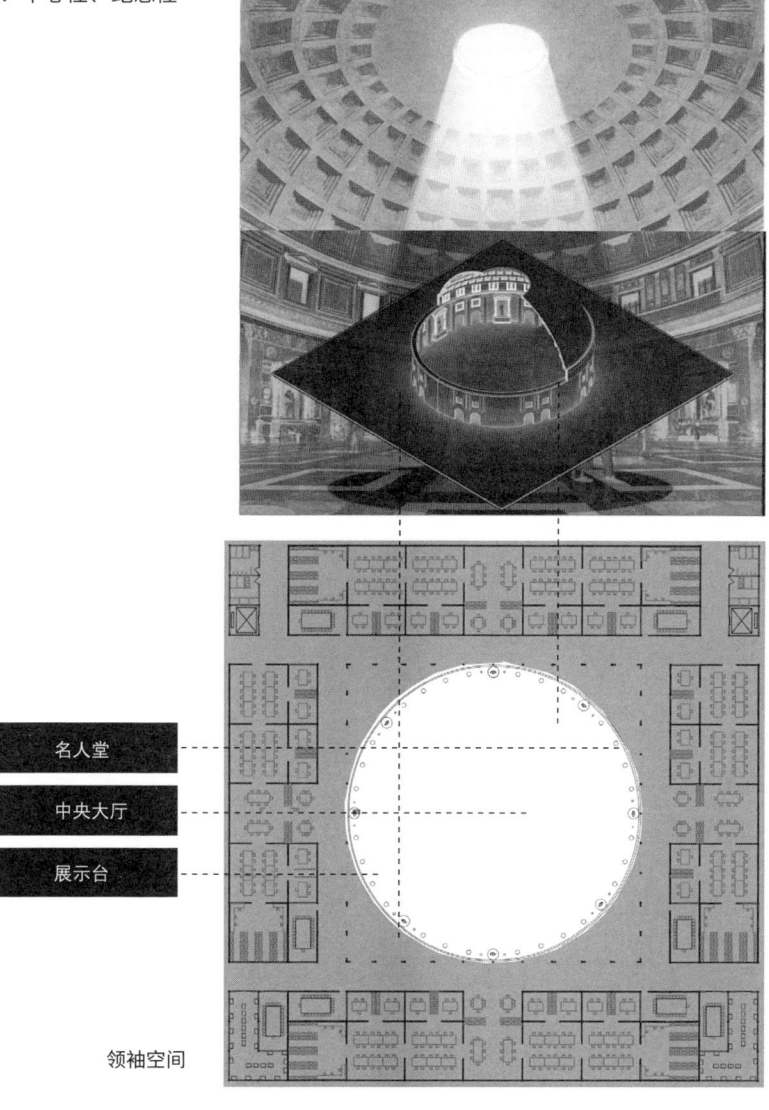

- 名人堂
- 中央大厅
- 展示台

领袖空间

第5阶段 初创企业期平面图与轴测分析图

周边"物"——生产生活要素

生产生活要素：办公桌、灵感板、实验台、实践场、置物架、床

中心"人"——领袖空间原型

领袖空间原型：古罗马万神殿

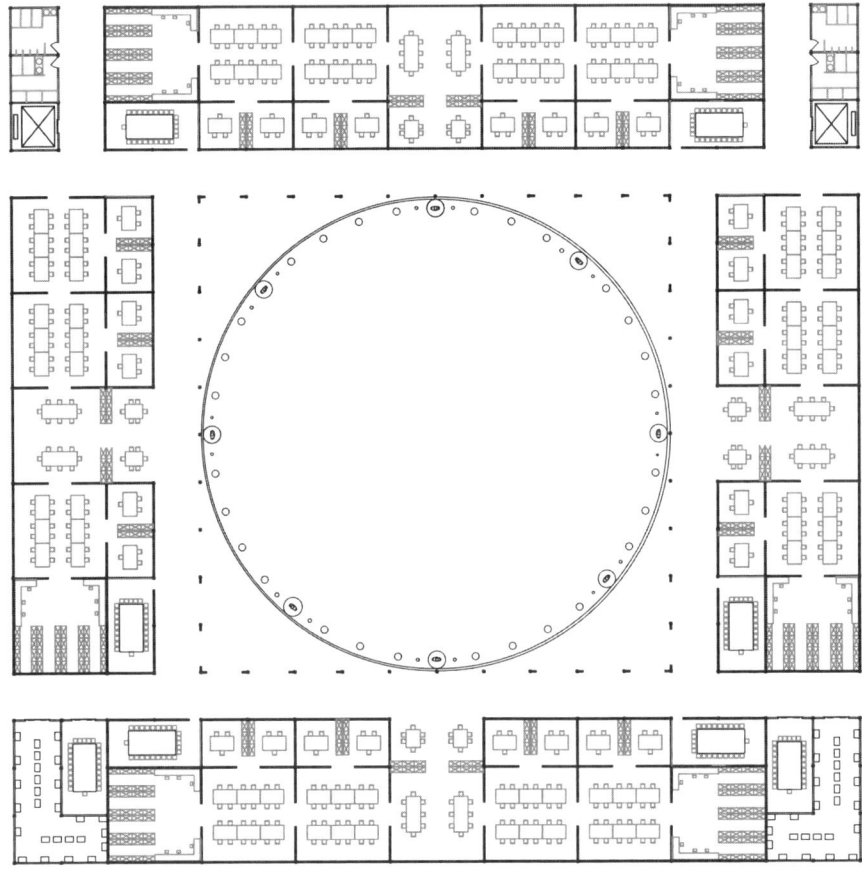

平面图

名人堂：记录并宣传成功的创业团队，使其成为新的领袖

中央大厅：最高等级的路演会场，机密度最高，只有初创期的参与者才有资格参加。

展示台：展示初创企业的成果

初创企业阶段的领袖空间是基地最高等级的领袖空间。该阶段意味着孵化成功，创业者成为新的基地领袖

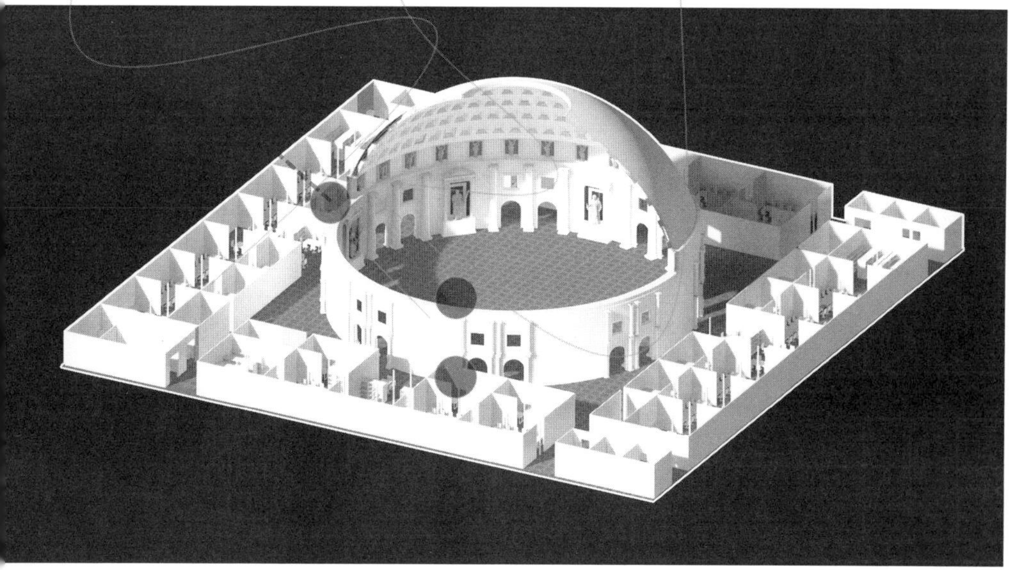

测分析图

设计表达

剖透视效果图

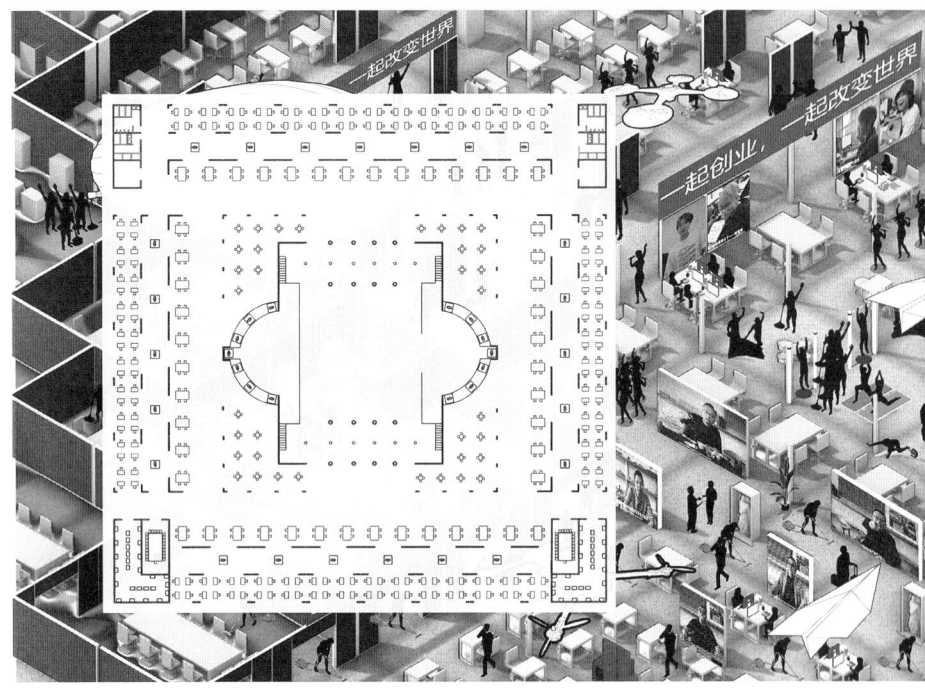

第1阶段
体验期场景图

第 2 阶段
项目探索期场景图

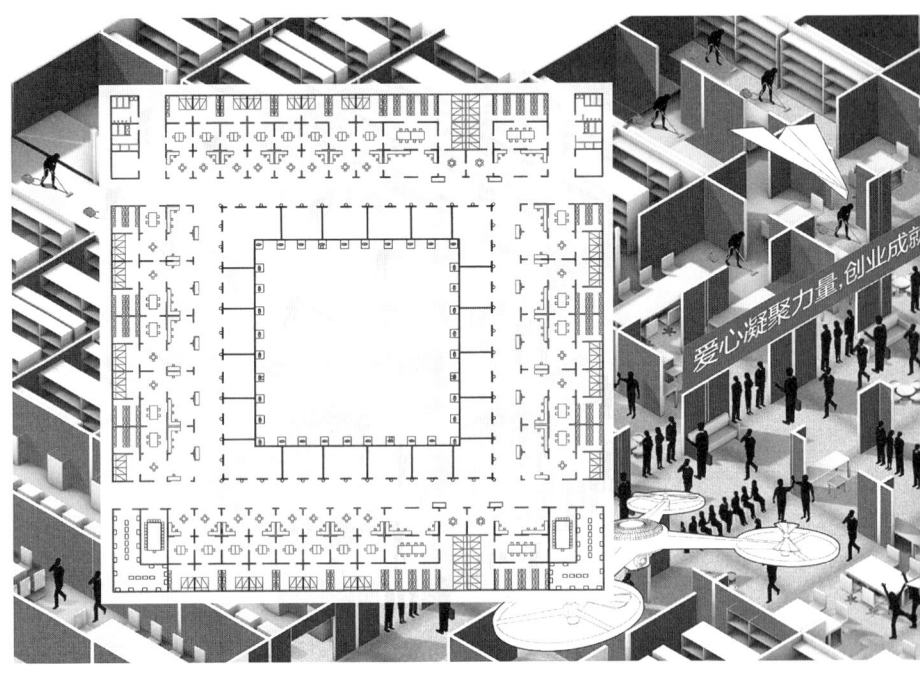

第 3 阶段
项目深化期场景图

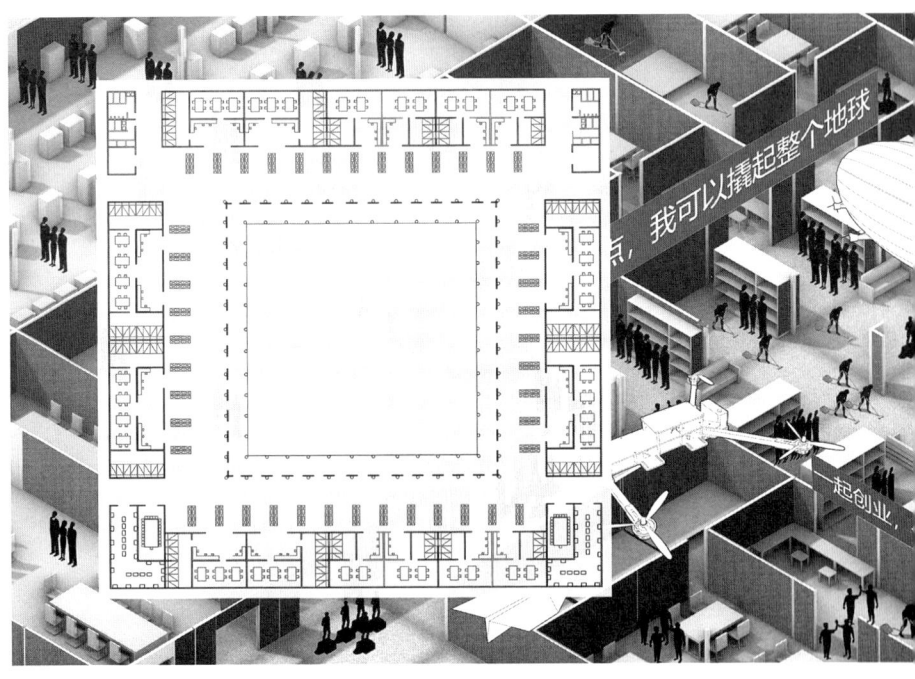

第 4 阶段
项目融资期场景图

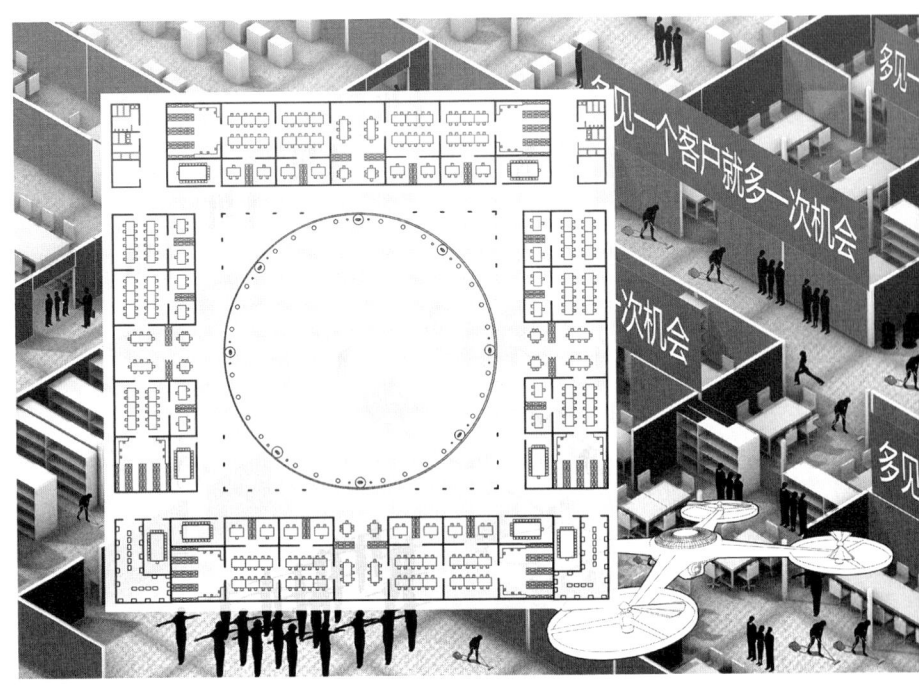

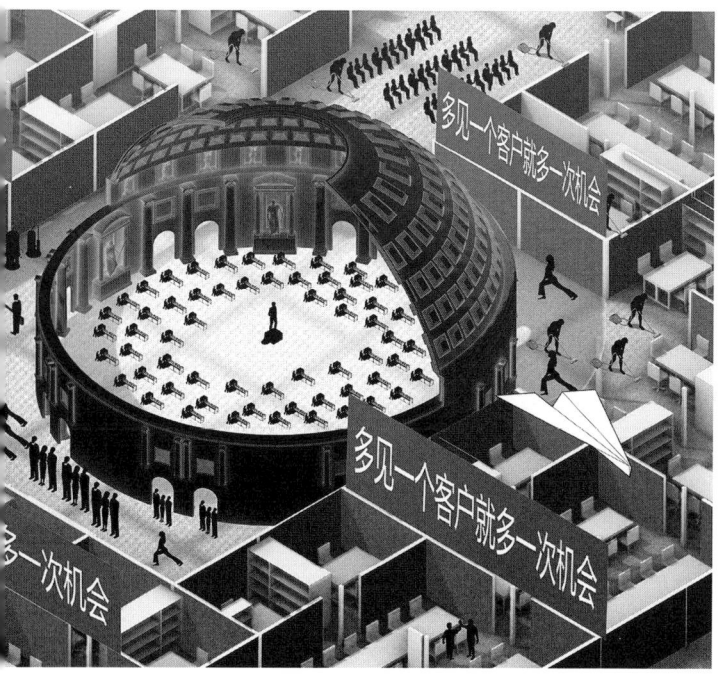

第 5 阶段
初创企业期场景图

02

共生社区

——"关系丛"语境下的游戏研发中心设计

唐欣慧

现状发展模式（中国独立游戏研发）

一、角色分工

主创类似于"大人物"，团队以"大人物"为核心进行拓展

身份：主创（管理员、游戏制作人）

团队构成：单人＋部分外包；小型工作室（主创团队＋流动成员）

1. 与团队的关系

志同道合（同学、朋友、游戏玩家）

临时劳动力（不稳定）

2. 与产品的关系

个人想法的表达

3. 与资本的关系

完全自负盈亏，工作室融资占股

二、建构方式

独立制作—建立游戏工作室—与大型游戏公司合作（占股、收购）

三、传播方式

已建成的游戏发布平台

存在问题

独立游戏研发的不稳定性：
1."系"及"系"间的联系弱
物理空间的缺失
数量多且分散的"大人物"们
大部分关系为"圈子"，是建立在熟人关系基础上的初级群体关系，缺乏"锁住"的能力
2. 较高的技术壁垒
难以仅通过链式流动简单进入网络
漫长的研发周期与严重的资金问题

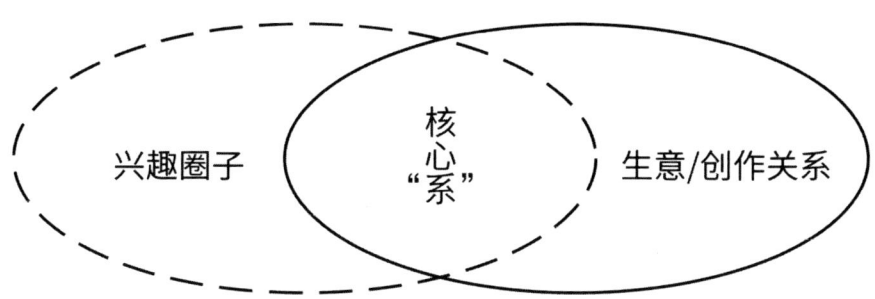

单个"系"的结构

171

新组织方式与空间模式——游戏公司 + 独立游戏研发

1. 游戏公司的功能布局与工业化生产
基本保留原有的功能布局与空间特征：开敞大空间、去个性化
增强"流水线"特质：加强生产链条的集中性和连贯性，提高生产效率

2. 独立游戏的作坊式生产
空间特征的个性化
空间功能的灵活性
开放与私密性的分时转换

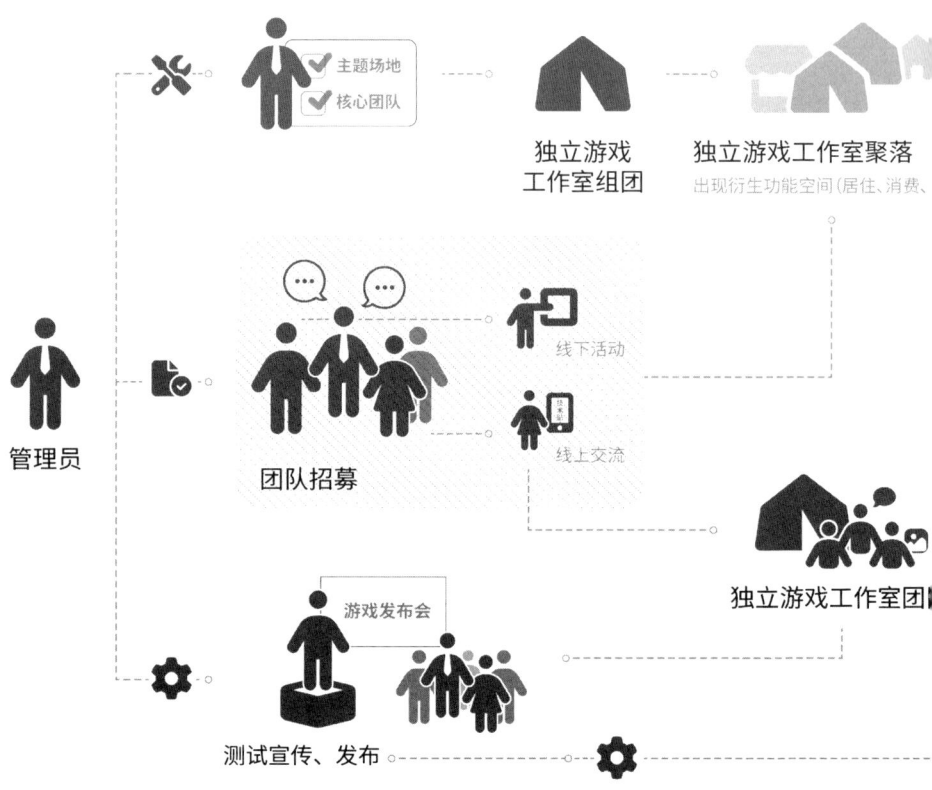

词语对照解析：
"系"/圈：表现为单个兴趣组团，内部存在多种关系
关系丛："系"内部、"系"与系、"系"与外部
"锁住"：身份及开发游戏基本信息统一管理

游戏制作人
"有棱角的艺术家"

游戏公司

主要词语对照解析（人物构成 物理空间）

管理员
"大人物"每个"系"的发起人（相对固定），
不一定直接参与游戏研发

游戏制作人
"老板"根据项目属性与需求选择进入对应"系"

普通成员
"老司"根据关系或兴趣加入"系"

独立游戏工作室
"大院"单个工作室组团组成的物理空间

宣发测试平台
"市场"系外部交流的空间

游戏公司
"企业"

独立游戏工作室聚落
"浙江村"由多个
大院、市场组成

"独立游戏 游戏公司"新组织方式、流程

空间体块布局

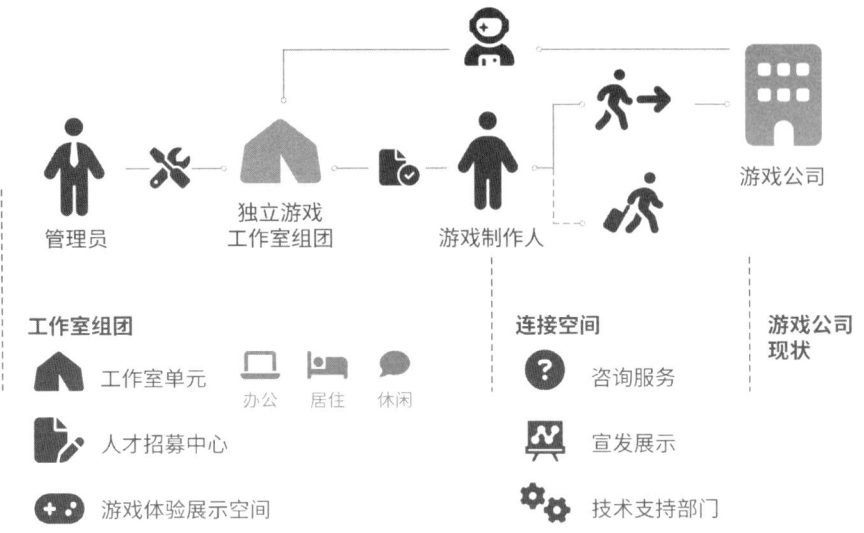

流程图及对应基本功能需求

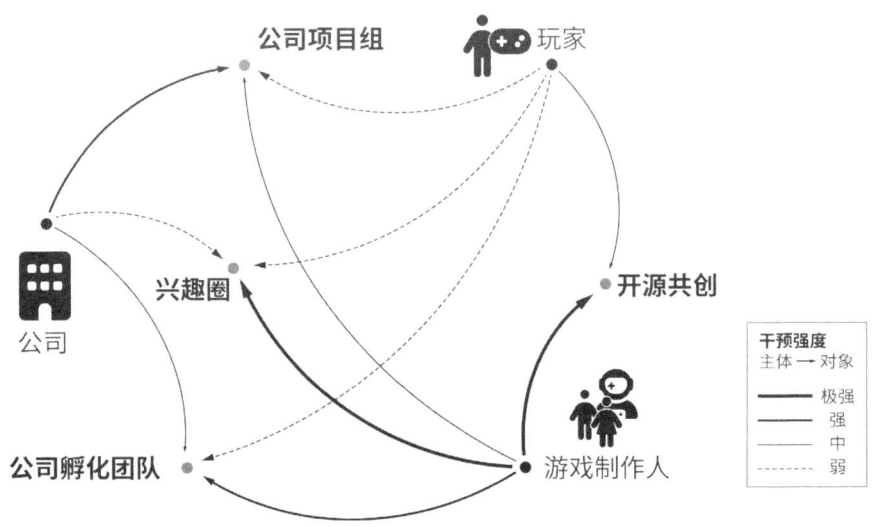

各游戏组团不同对象干预程度

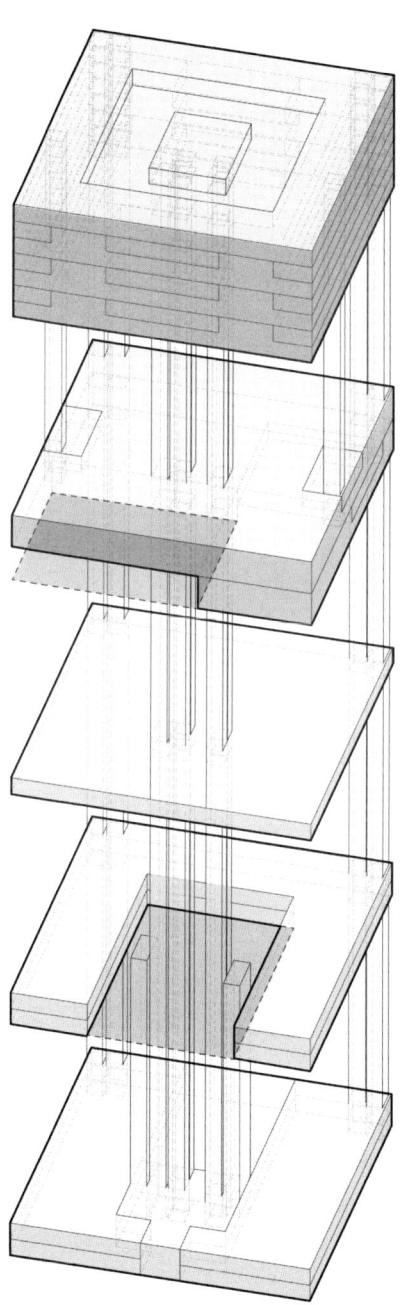

功能体块组织图

空间布局——工作室组团（开源共创）

1. 团队类别
开源共创
2. 团队特点
· 基本无门槛
· 团队流动性强
· 开放程度极高

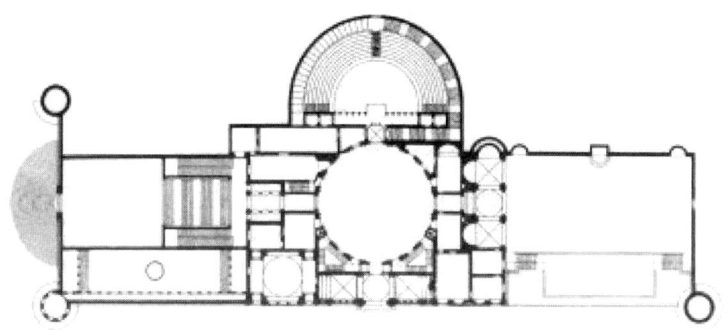

参考原型:玛达玛别墅,拉斐尔与小安东尼奥·达·桑迦洛,1518 年

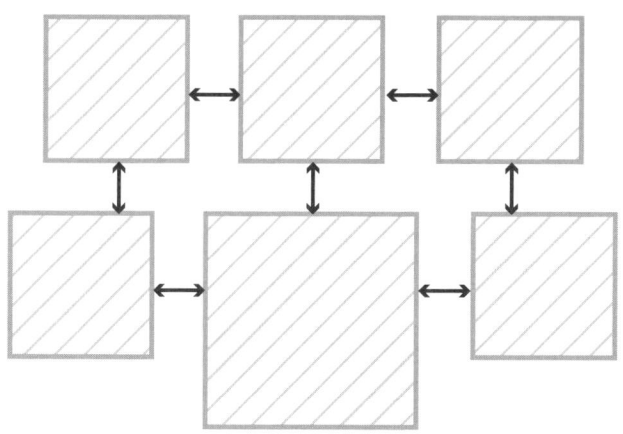

穿越式房间

参考《人物、门与通道》总结绘制

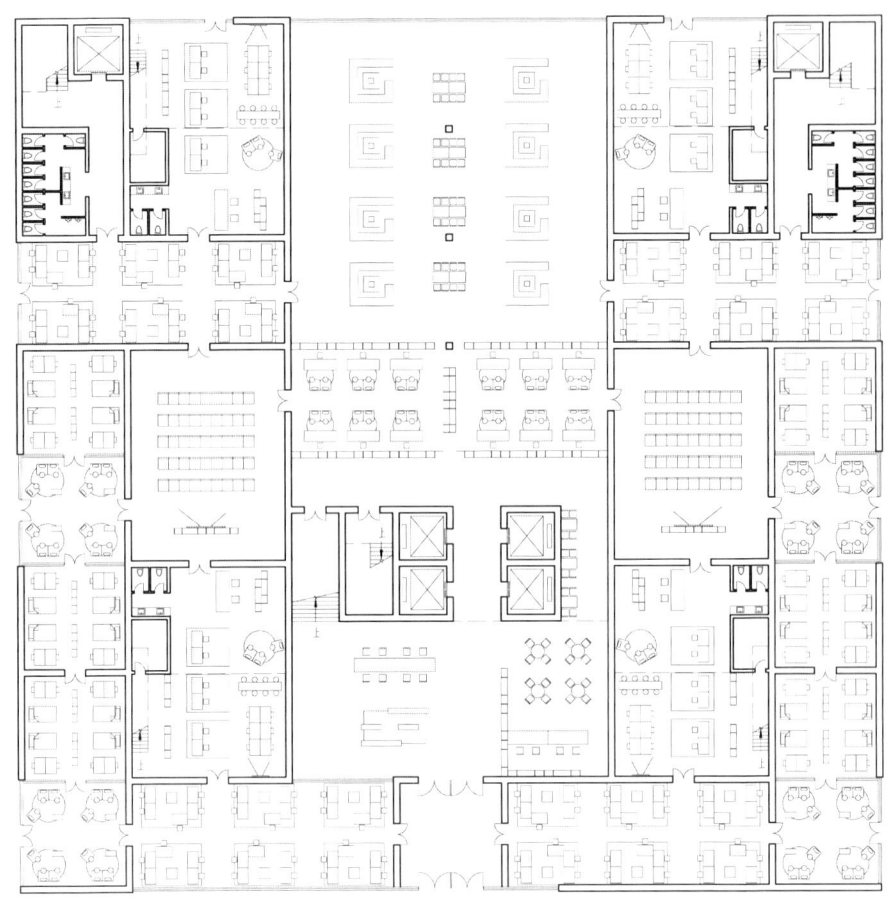

首层平面图

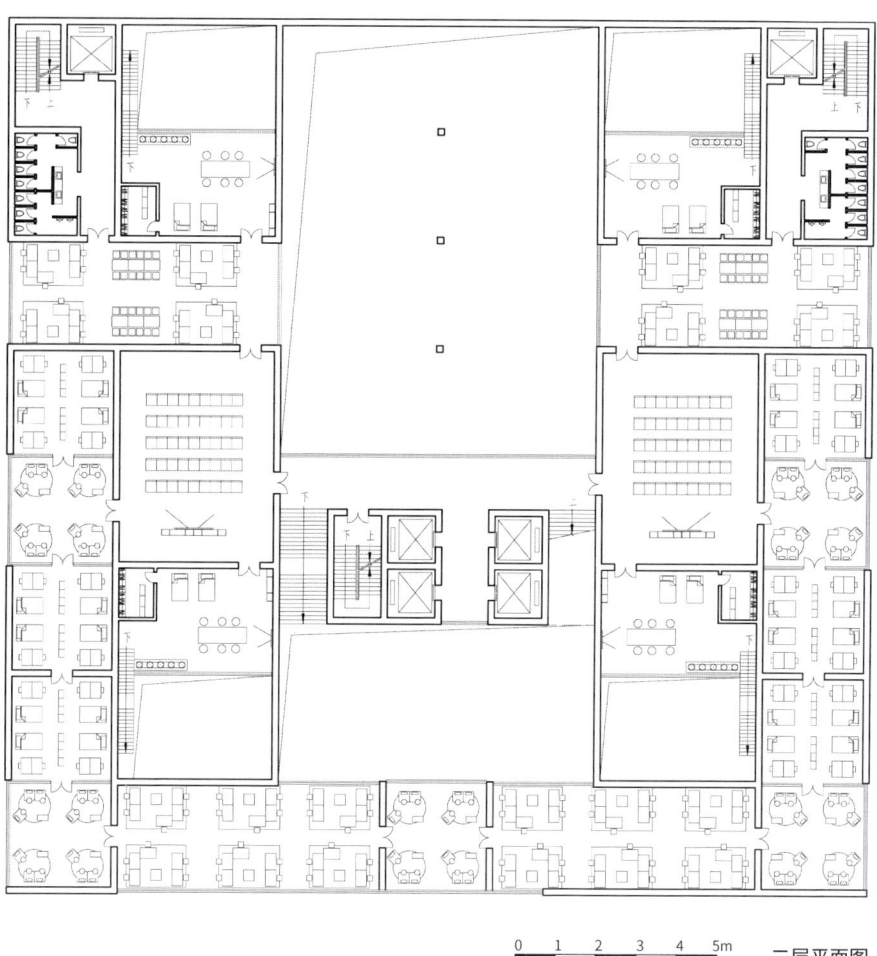

二层平面图

效果呈现——工作室组团（开源共创）

空间布局——工作室组团（兴趣圈）

1. 团队类别

兴趣圈

2. 团队特点

· 有一定技术门槛，由游戏制作人根据需求招募

· 不同团队间既是竞争关系，同时也是合作关系

· 团队成员相对稳定

· 开放程度一般

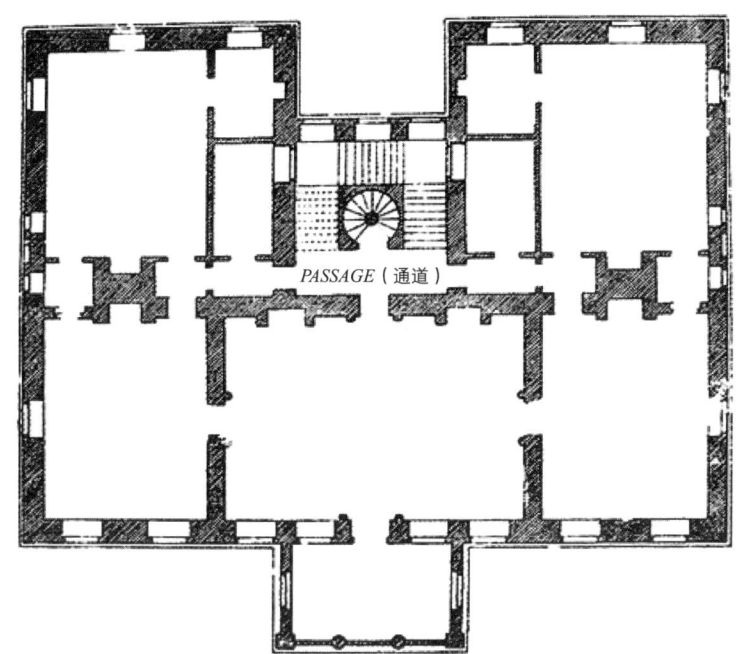

参考原型：阿姆斯伯利住宅，约翰·韦伯，1661 年

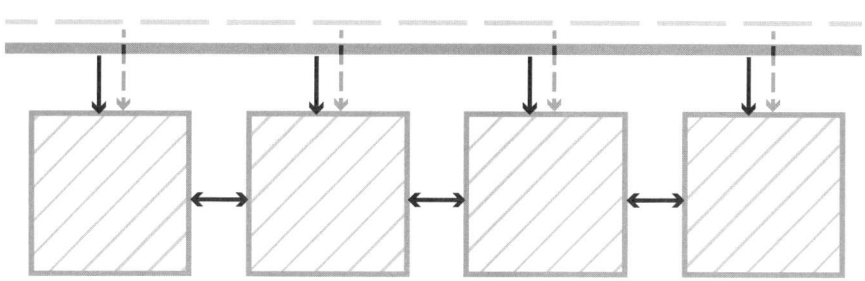

穿越式房间、通道分流

参考《人物、门与通道》绘制

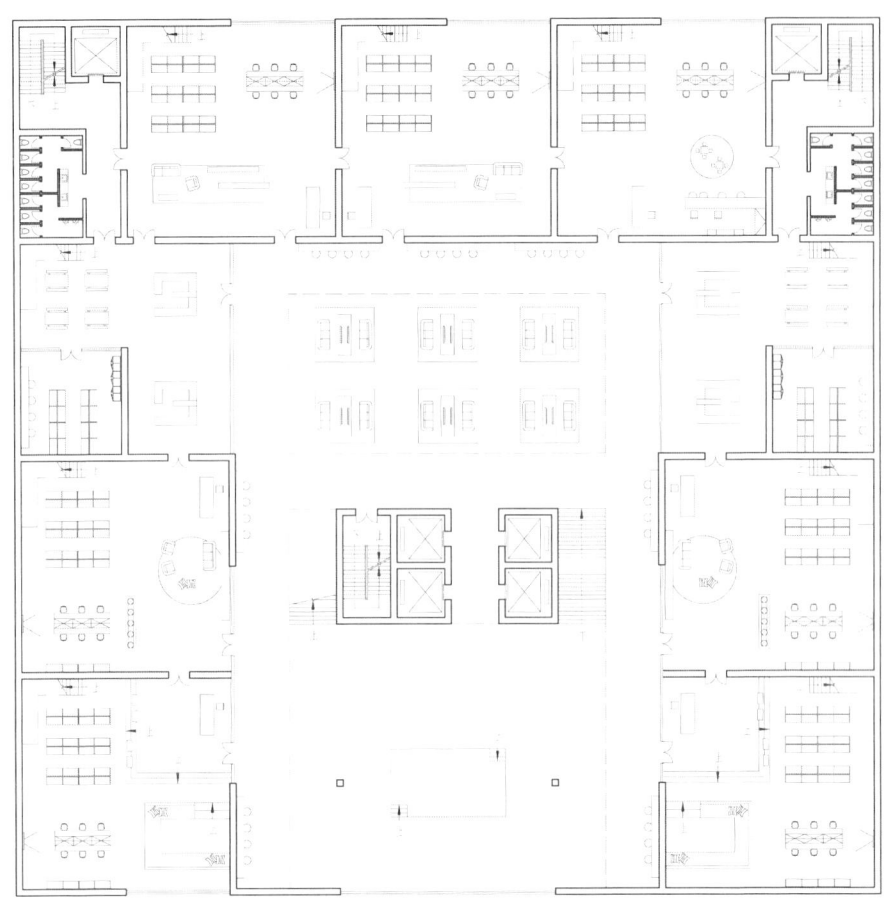

三层平面图

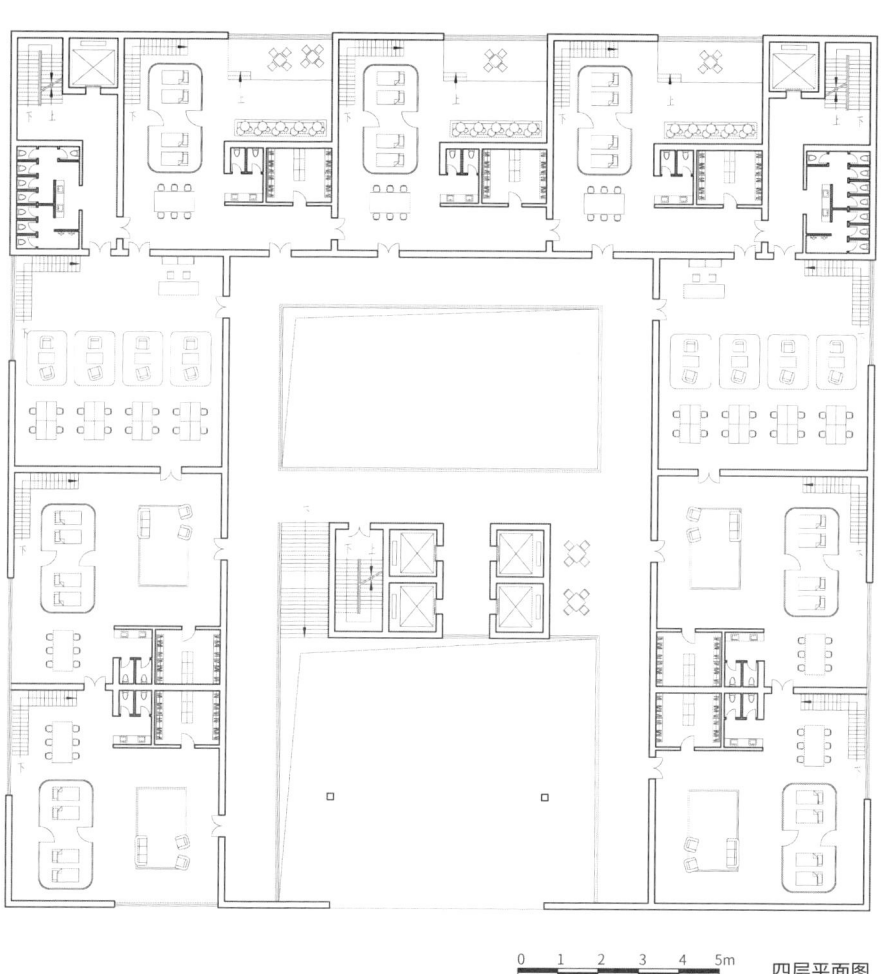

四层平面图

效果呈现——工作室组团(兴趣圈)

空间布局——工作室组团（公司孵化团队）

1. 团队类别
公司孵化团队

2. 团队特点
· 通过游戏公司组织的活动进行筛选
· 竞争极强，分多个阶段
· 开放程度较低

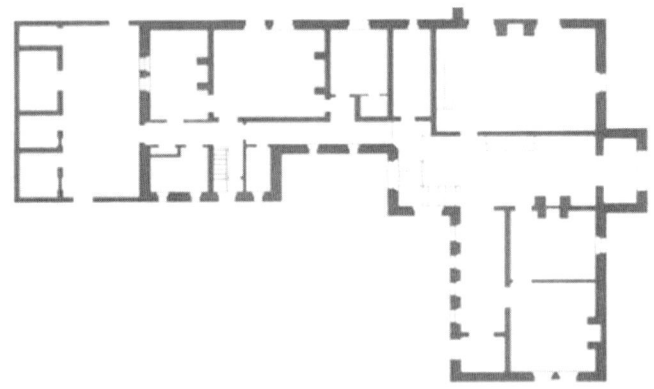

参考原型：红屋，威廉·莫里斯与菲利普·韦伯，1859 年

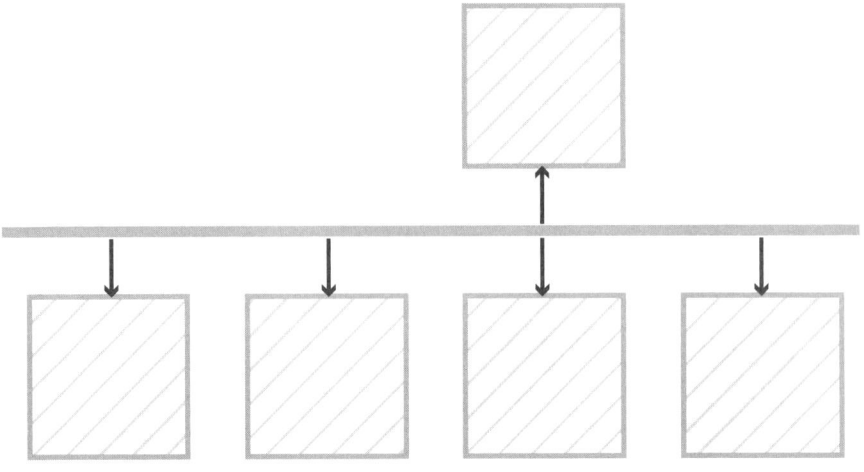

走廊式平面图　　　　　　　　　　　　　　参考《人物、门与通道》绘制

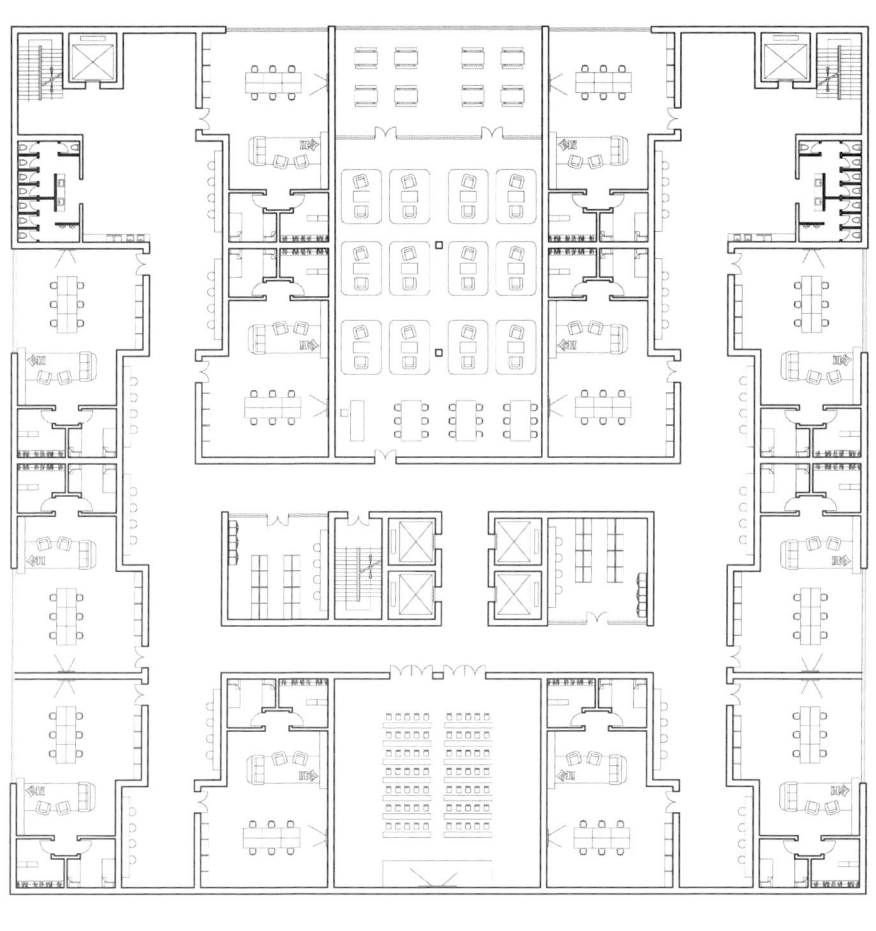

五层平面图

效果呈现——工作室组团（公司孵化）

连接空间——技术支持部门、宣发体验空间

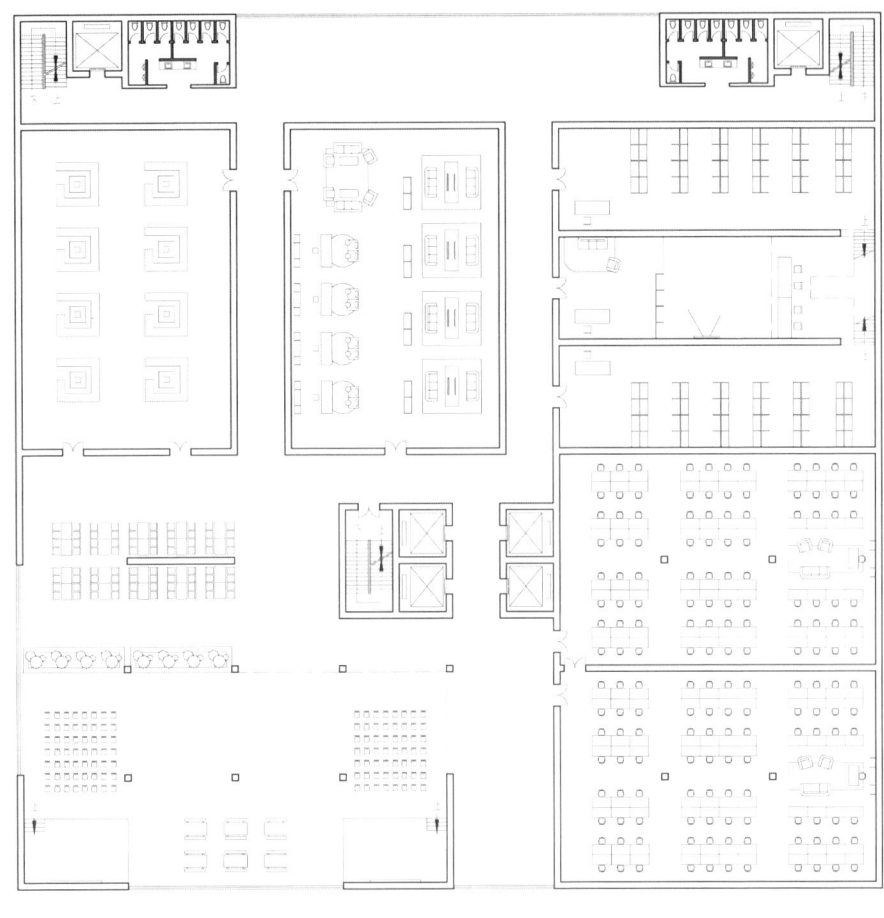

六层平面图

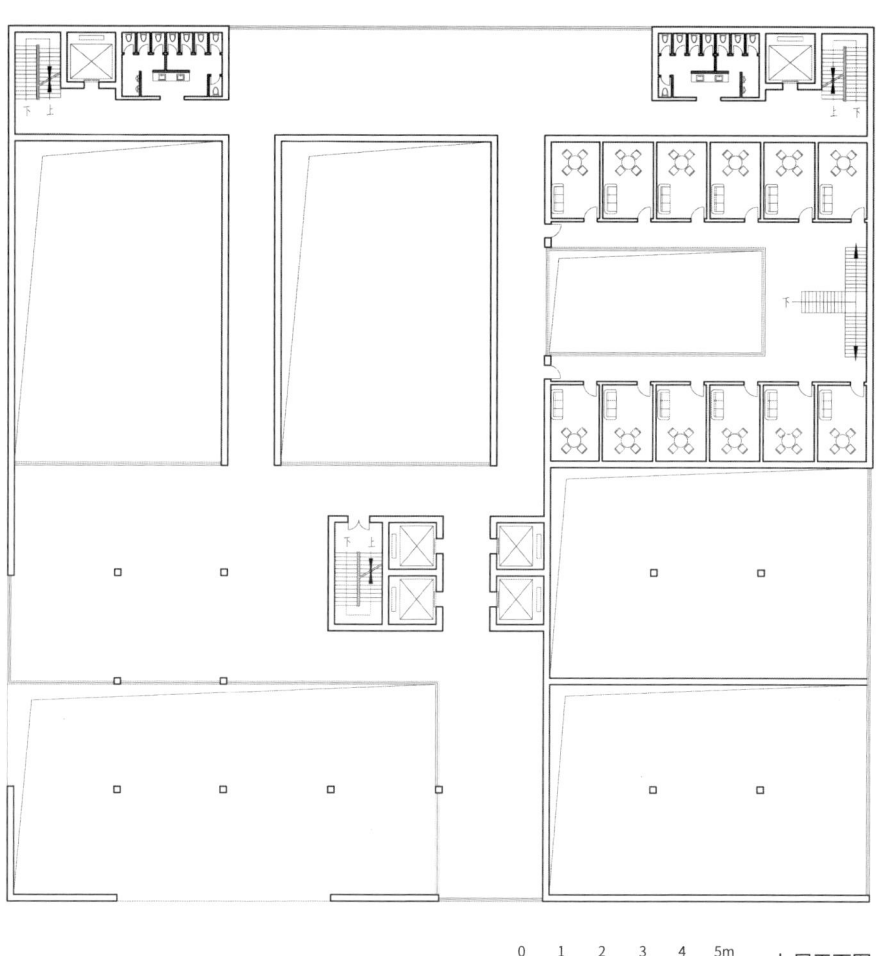

七层平面图

连接空间——公司美术部门

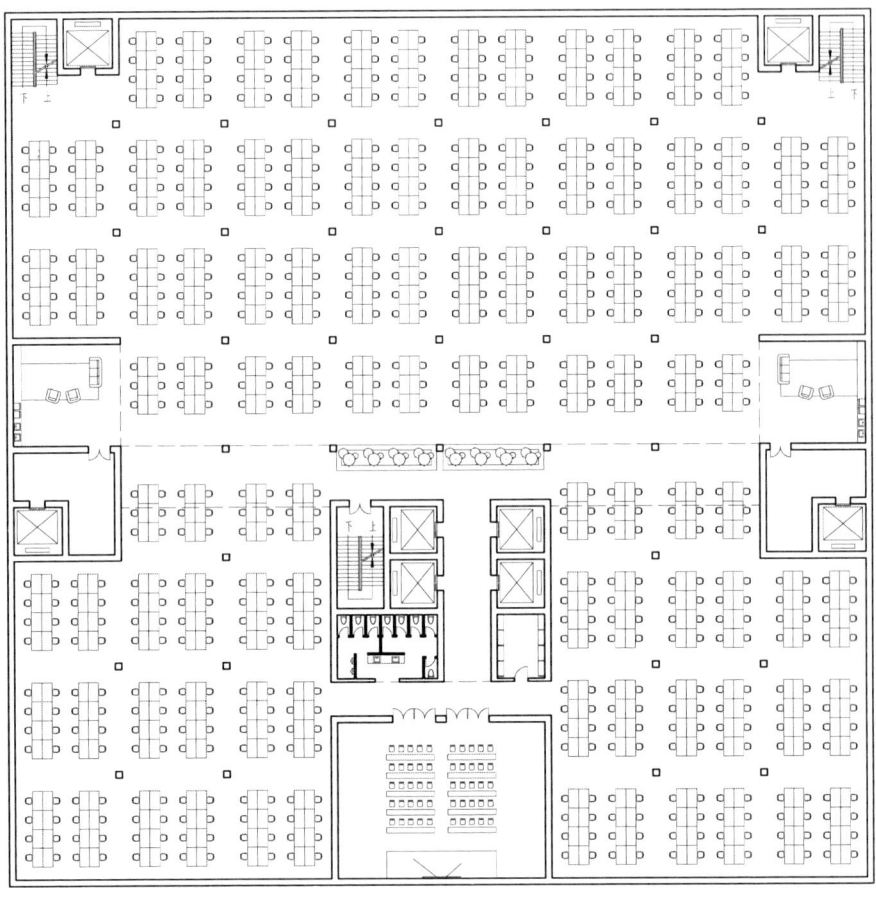

八层平面图

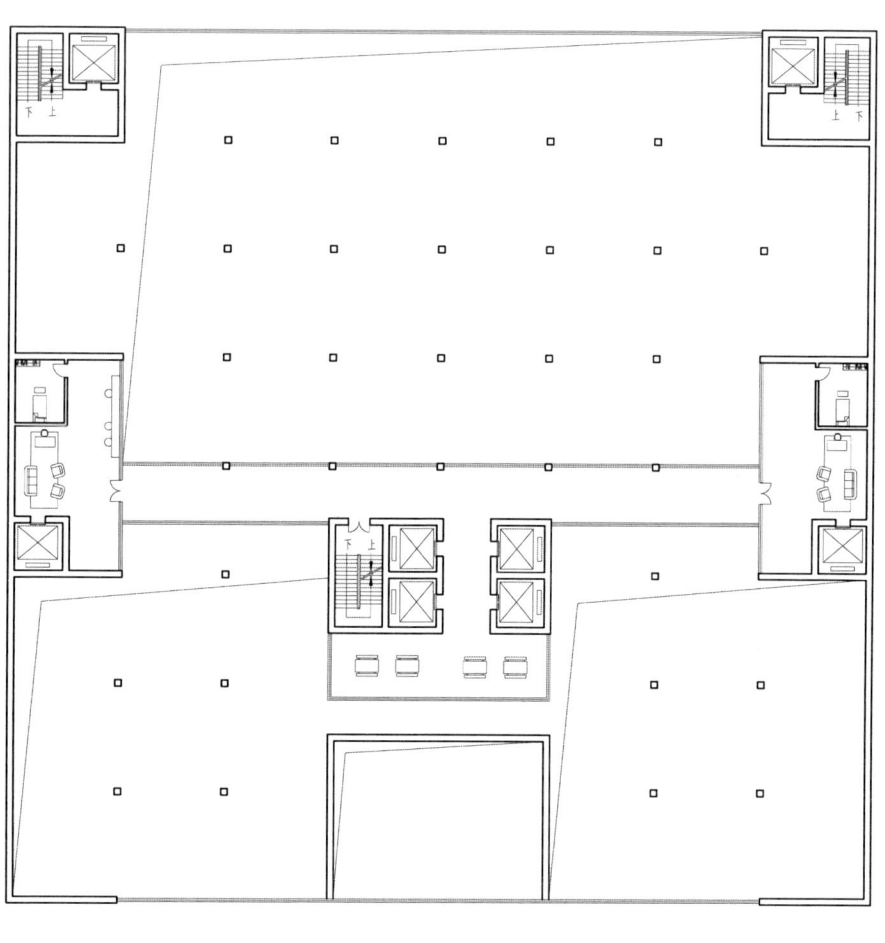

九层平面图

空间布局——游戏公司

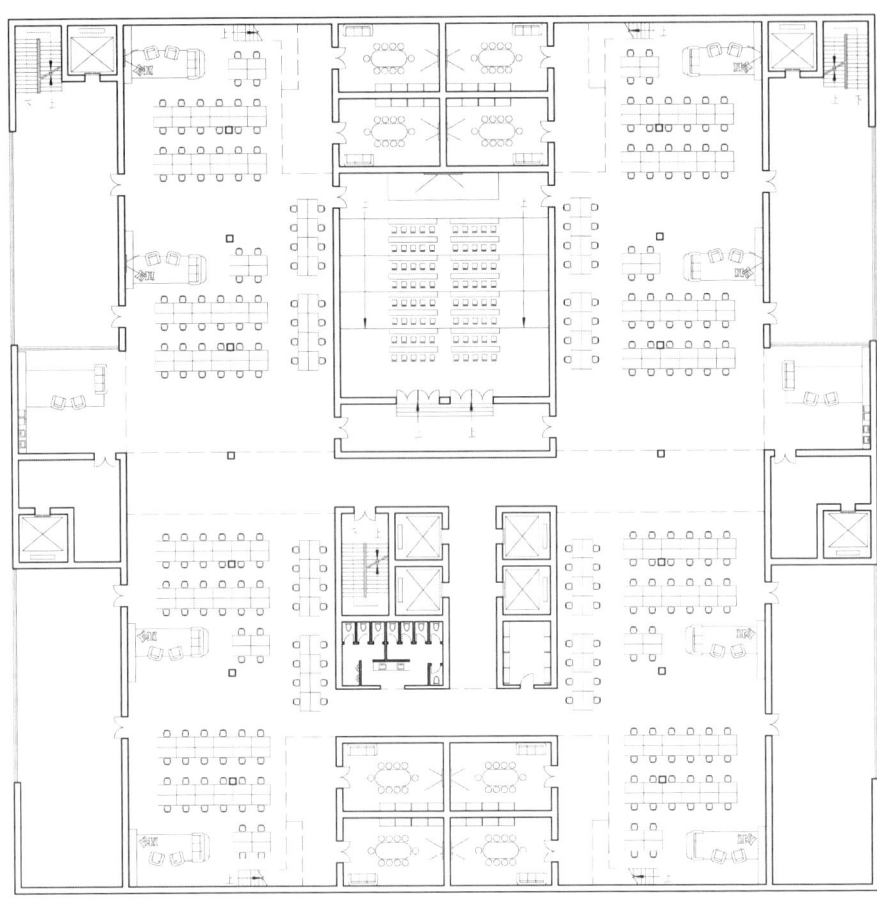

0 1 2 3 4 5m 十层平面图

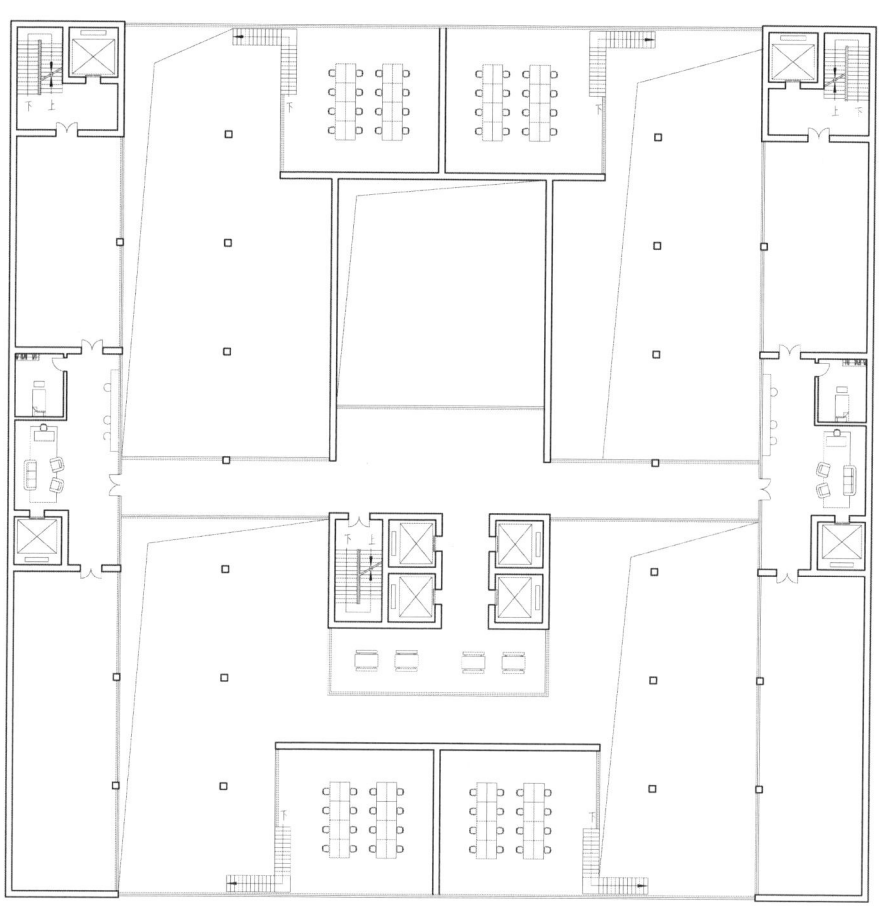

十一层平面图

效果呈现——公司部分

效果呈现
——正轴测场景

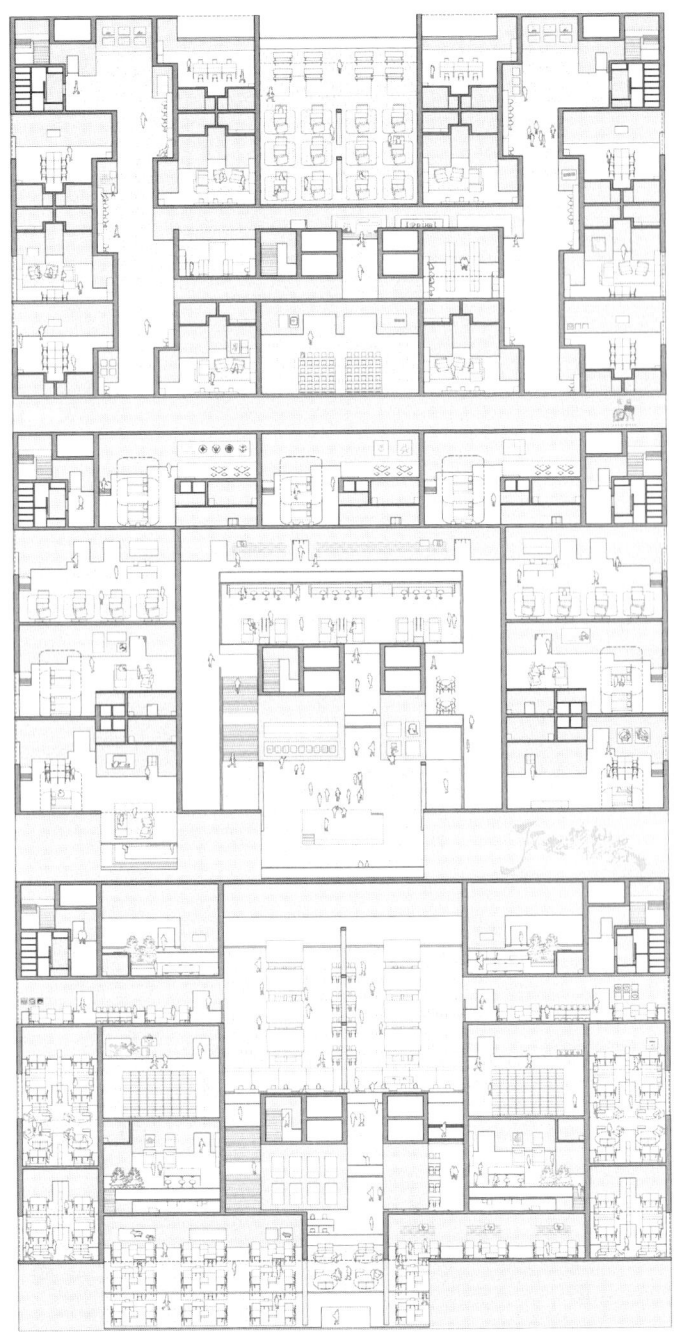

独立游戏研发部分

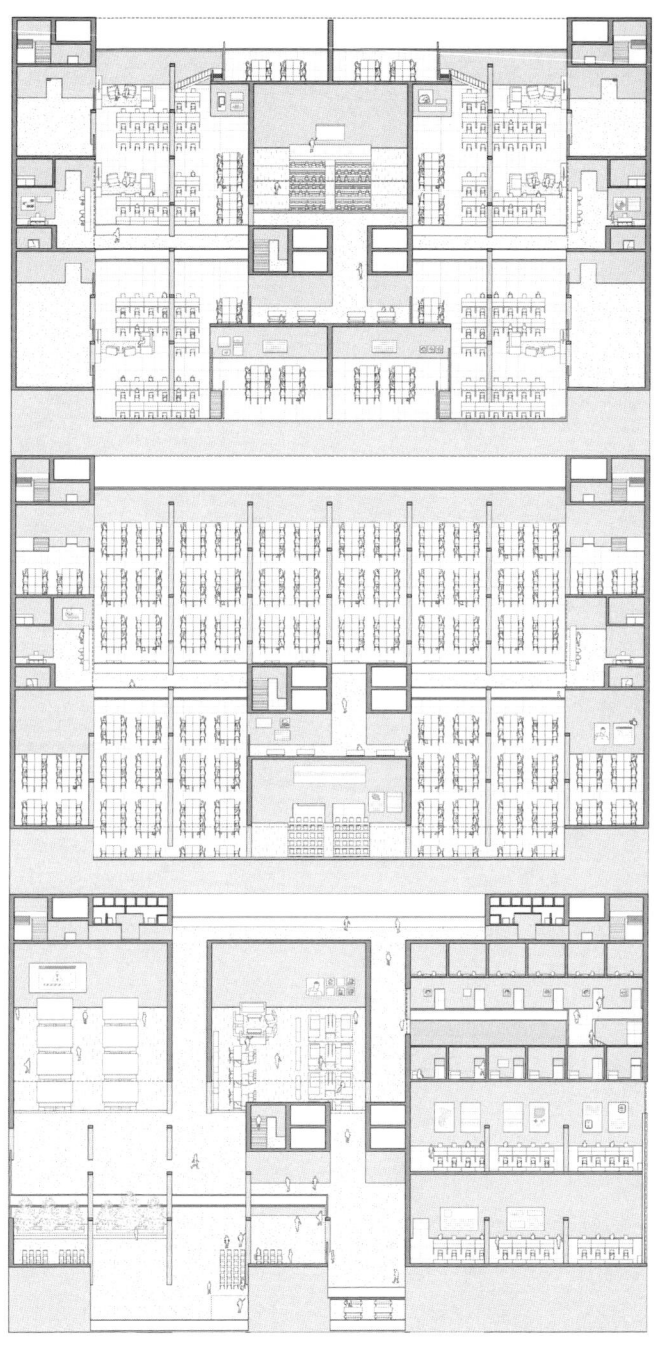

"市场"与公司(局部)

03

共栖社区

——游戏生产中开源社区的二维知识框架和空间模式

陈梓洵

"三明治"型空间——"企业—游戏开源社区"的共栖型框架

理事会：把控方向，提供支持服务
管理委员会：监督共同决议过程的游戏联盟
技术委员会：解决兴趣小组冲突，指导兴趣小组的运行

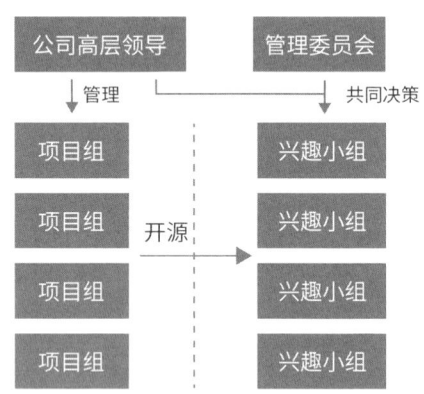

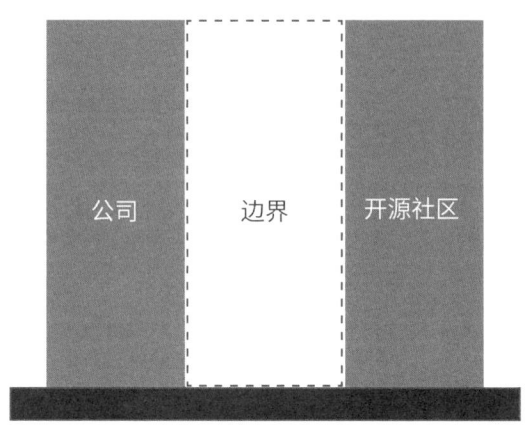

公司和开源社区将作为两种不同却又相互帮助的组织，在同一个空间内办公
在空间模型策略的制定上
设计了"公司—公共功能—开源社区"的"三明治"型空间
并着重探讨公司和开源社区之间的边界
其中，建筑边界不只是区分建筑内外部的墙体
而是一个加厚的"功能设备层"
通过建筑边界的可变性来实现两种组织之间的融合或独立

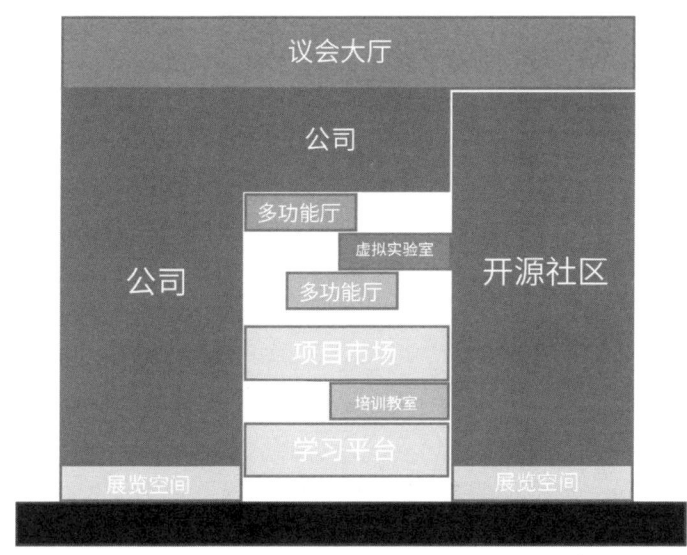

共栖系统的功能

公司面积人数配比

功能		面积（m²）	接待人数（人/天）
办公空间	多功能厅	300	200
	会议室	60×3	45
	董事长办公室	60	1
	制作人办公室	20	1
	团队办公空间	400×18	800
	行政办公空间	300	60
	运营办公空间	600	120
	绩效考核室	16×15	1
	数据管理室	120	30

开源社区面积人数配比

功能	面积（m²）	接待人数（人/天）
多功能厅	300	200
议会大厅	2000	800
项目市场	1200	800
学习平台	800	400
培训教室	80×4	50×4
虚拟实验室	300	100
独立工作室	6500	650

公共空间面积人数配比

功能	面积（m²）	接待人数（人/天）
展览空间	2000	1400

功能的开放程度分析

共栖系统的设计需要考虑到不同组织之间的交流、沟通与学习
设计将功能的开放程度分为封闭、渗透和开放三种：
公司的功能空间带有一定的企业私密属性，在开放程度上偏向于封闭，比如公司多功能厅
开源社区的功能空间主要为学习空间，因此更多为渗透或开放
开源社区的多功能厅与公司多功能厅不同
开源社区参与者会通过线下讲座的方式分享知识
提高在开源社区中的贡献权重
公司内部也会通过宣讲的方式贡献内部知识
因此边界是渗透的
系统中的虚拟实验室仅供开源社区使用
这是因为公司和开源社区在游戏生产的决策方式上有着本质的不同
开源社区的游戏生产更多基于设计师自己的想法
因此更需要人工智能对游戏制作的进程进行实时效果模拟
而公司的游戏生产主要基于市场大数据反馈，不存在以上问题

公共功能的开放程度

	功能	开放程度	方向（左为公司，右为开源社区）
公司	多功能厅	封闭	无
开源社区	多功能厅	渗透	←
	议事大厅	开放	→ ←
	项目市场	开放	→ ←
	学习平台	开放	→ ←
	培训教室	渗透	←
	虚拟实验室	封闭	无
公共空间	展览空间	开放	→ ←

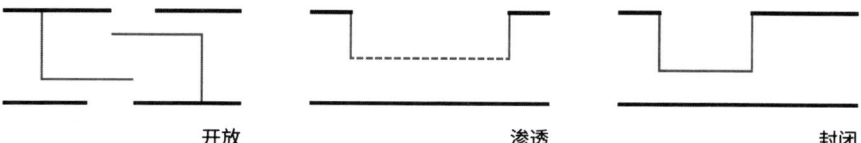

开放　　　　　　渗透　　　　　　封闭

办公模式

在开源社区部分,由于项目初期参与者团队大多是 1~2 人
设计用 4 米 ×4 米的办公空间去回应这种高私密性、高关注度的办公模式
在项目中后期发展出一定规模,需要团队交流、合作的时候
则用 8 米 ×8 米的小型会议空间去应对

在公司部分,依据游戏公司的一般情况
将研发中心项目组分为大型项目组、中型项目组和小型项目组
根据数智社会游戏生产"去人工化"可能性
将劳动智能水平较低的岗位去掉,用人工智能设备代替
结果将呈现出一个 2.4 米 ×1.6 米的办公单元

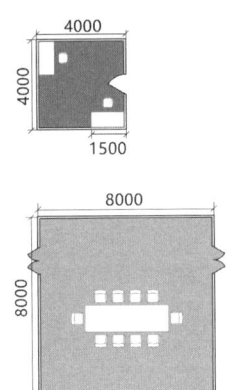
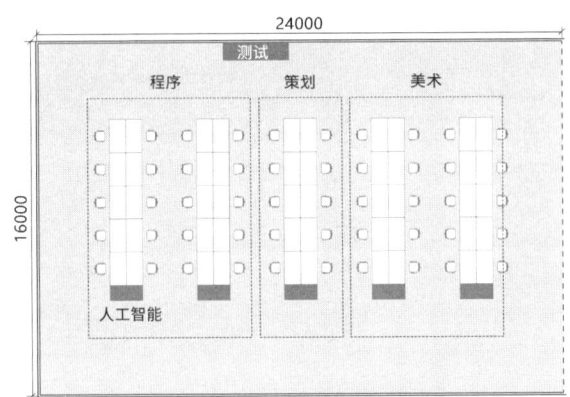

开源办公单元(左)和公司办公单元(右)(单位:mm)

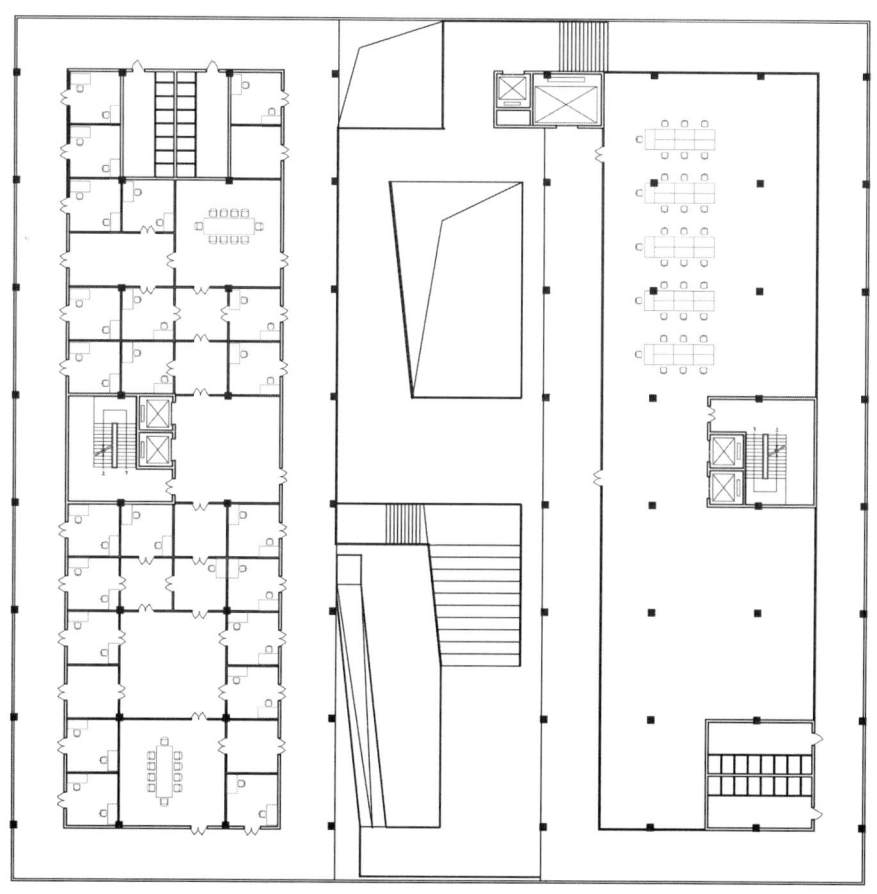

共栖系统平面图（局部）

学习平台（正轴测图）

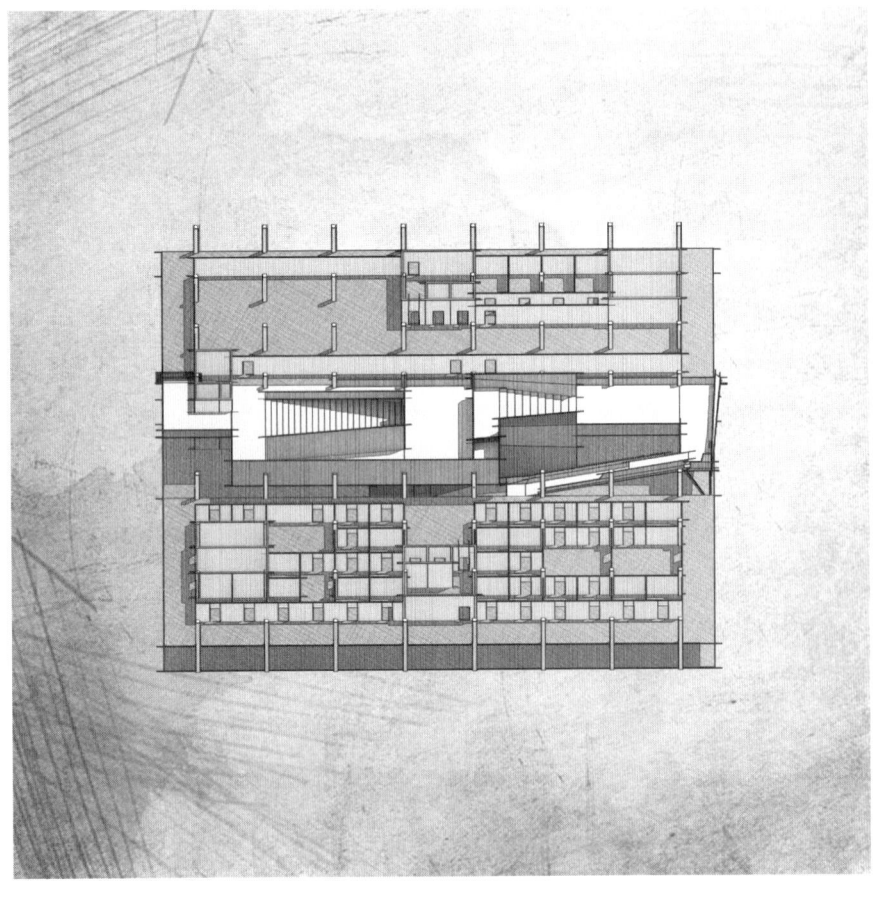

培训教室（正轴测图）

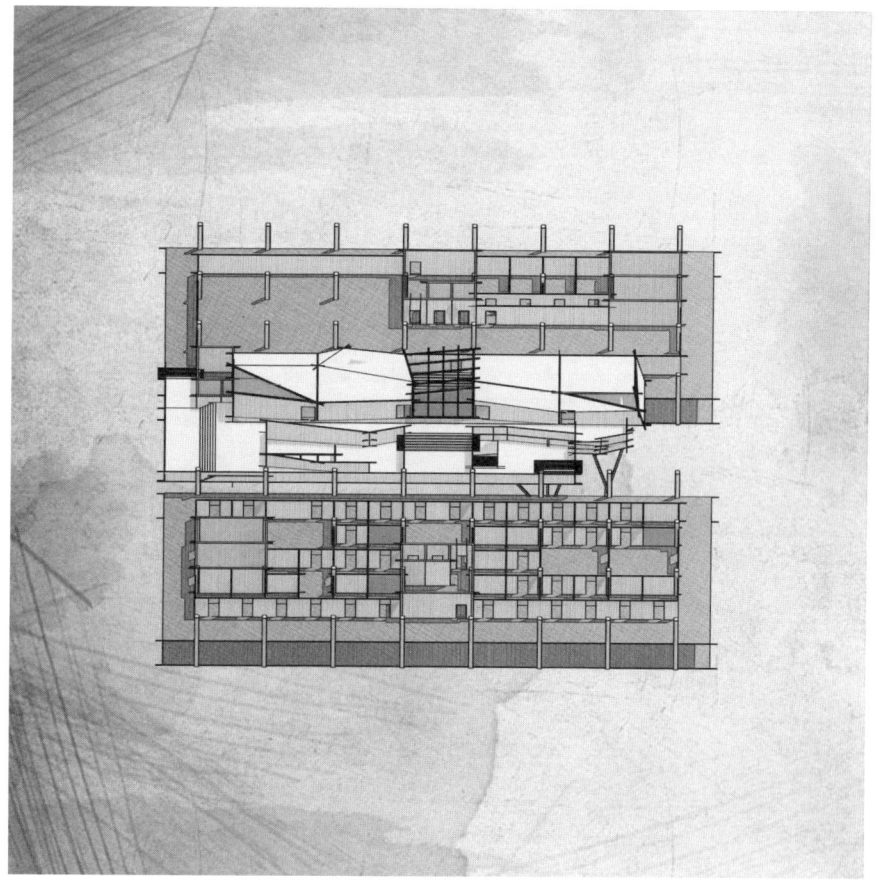

项目市场(正轴测图)

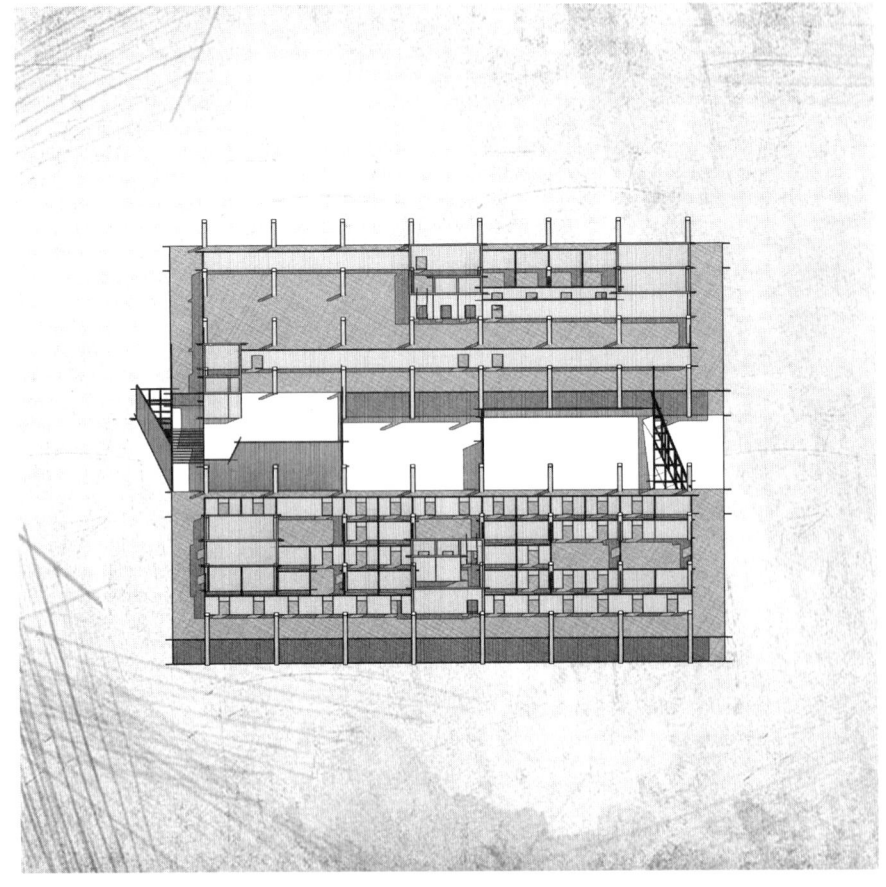

虚拟实验室（正轴测图）

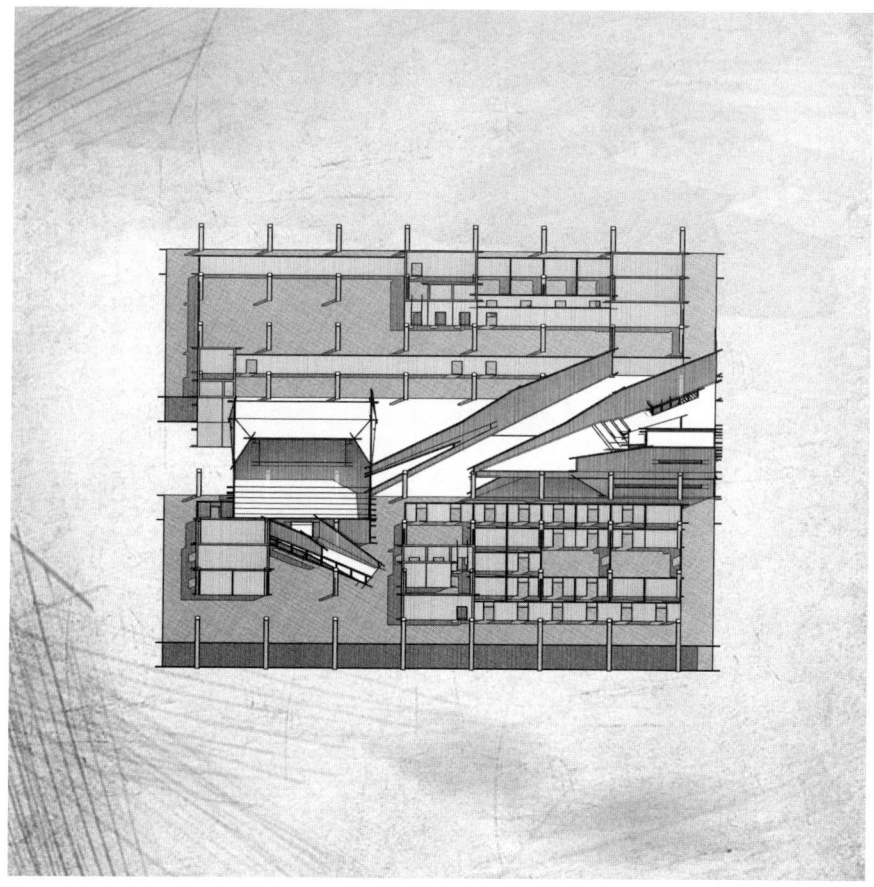

多功能厅（正轴测图）

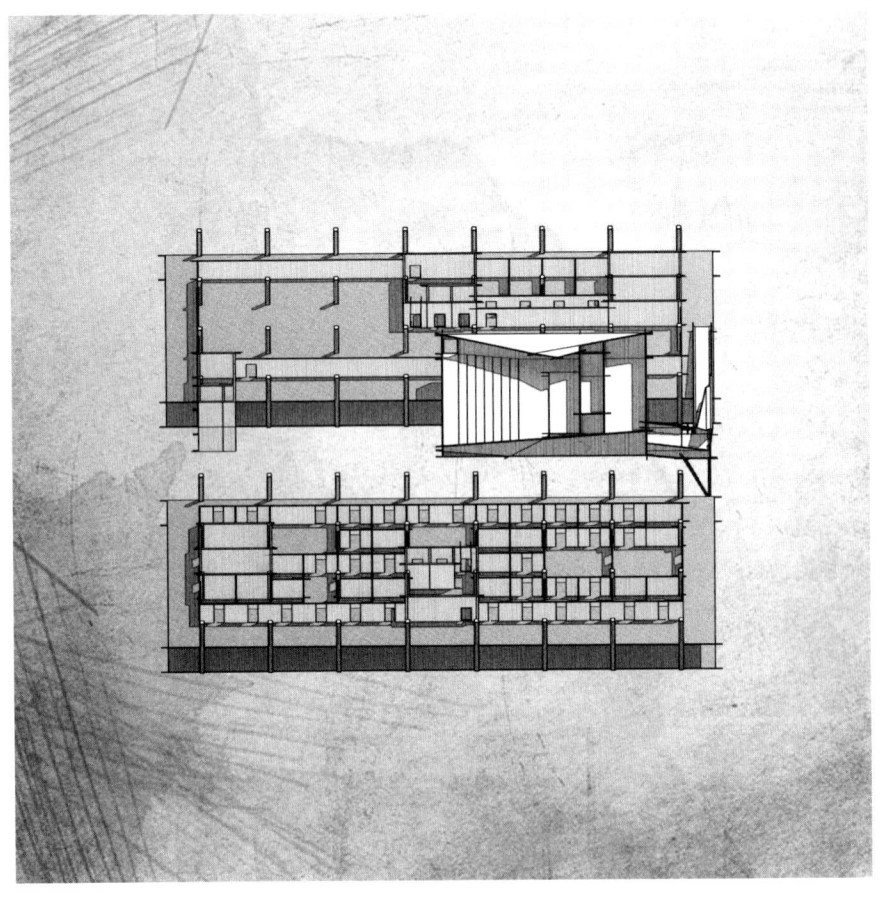

议事大厅(正轴测图)

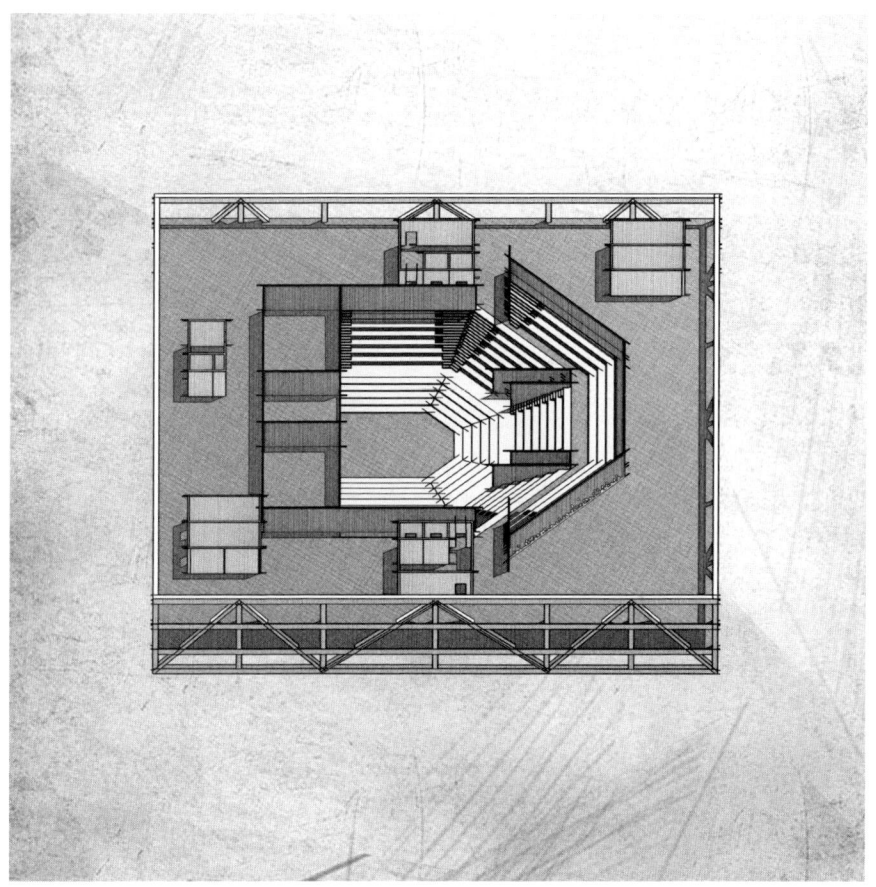

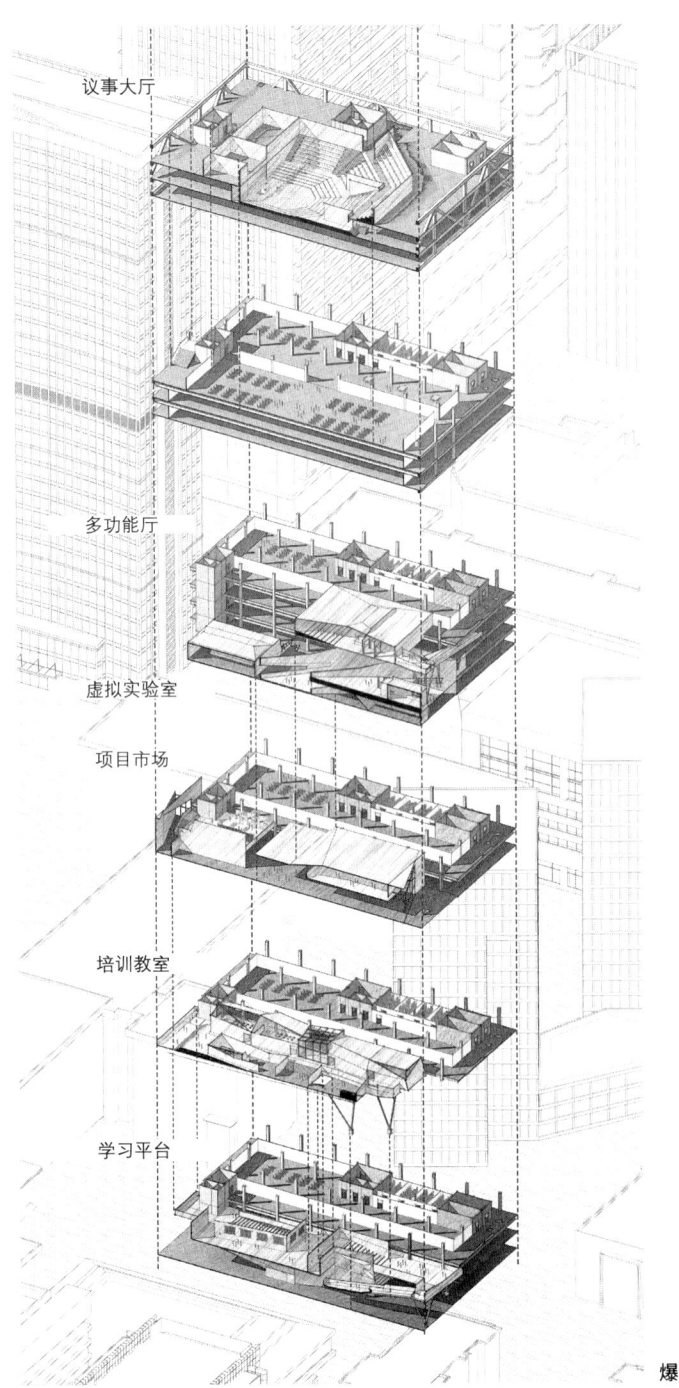

爆炸图

"边界"空间效果图

04

休闲的异化

"控制社会"理论视角下的游戏公司设计

陈俊睿

问题：休闲空间的转变

与室外吸烟区不同，办公楼室内茶水间尽管功能丰富、环境舒适，但仍然只有极少部分的人在茶水间进行闲聊，安静的空间氛围也与室外吸烟点位的热闹不同。相反，这里的活动多为员工之间的小型讨论会议、非正式办公等。那么，公司的茶水间是否已经与吸烟区不属于同一种空间，而向另一种空间转化呢？

多线叙事：烟草、办公室与茶水间

为了理解休闲空间为什么会出现这种转变，研究将办公空间、休闲空间、吸烟史三条线索进行梳理，进而探讨现代办公空间的演变。从 16 世纪佛罗伦萨的办公室到泰勒主义的工厂模式，再到互联网时代的开放办公室，办公空间、休闲空间、休闲活动的形式和内容一直在发生着变化，在不同的历史阶段被赋予了不同的含义。

休闲与劳动的关系经历了 3 个阶段的变化，从家庭办公室中的个人休闲活动，到工厂模式中被时间表严格管控的休息活动，最后到以谷歌公司为代表的融入工作之中的休闲活动。烟草也从一开始的"药草"，到广泛流行后成为危害健康的物品，再到成为某些烟民短暂逃离工作的媒介，最后作为烟草类商品，融入日常工作的场景，让吸烟的员工可以边放松边工作。

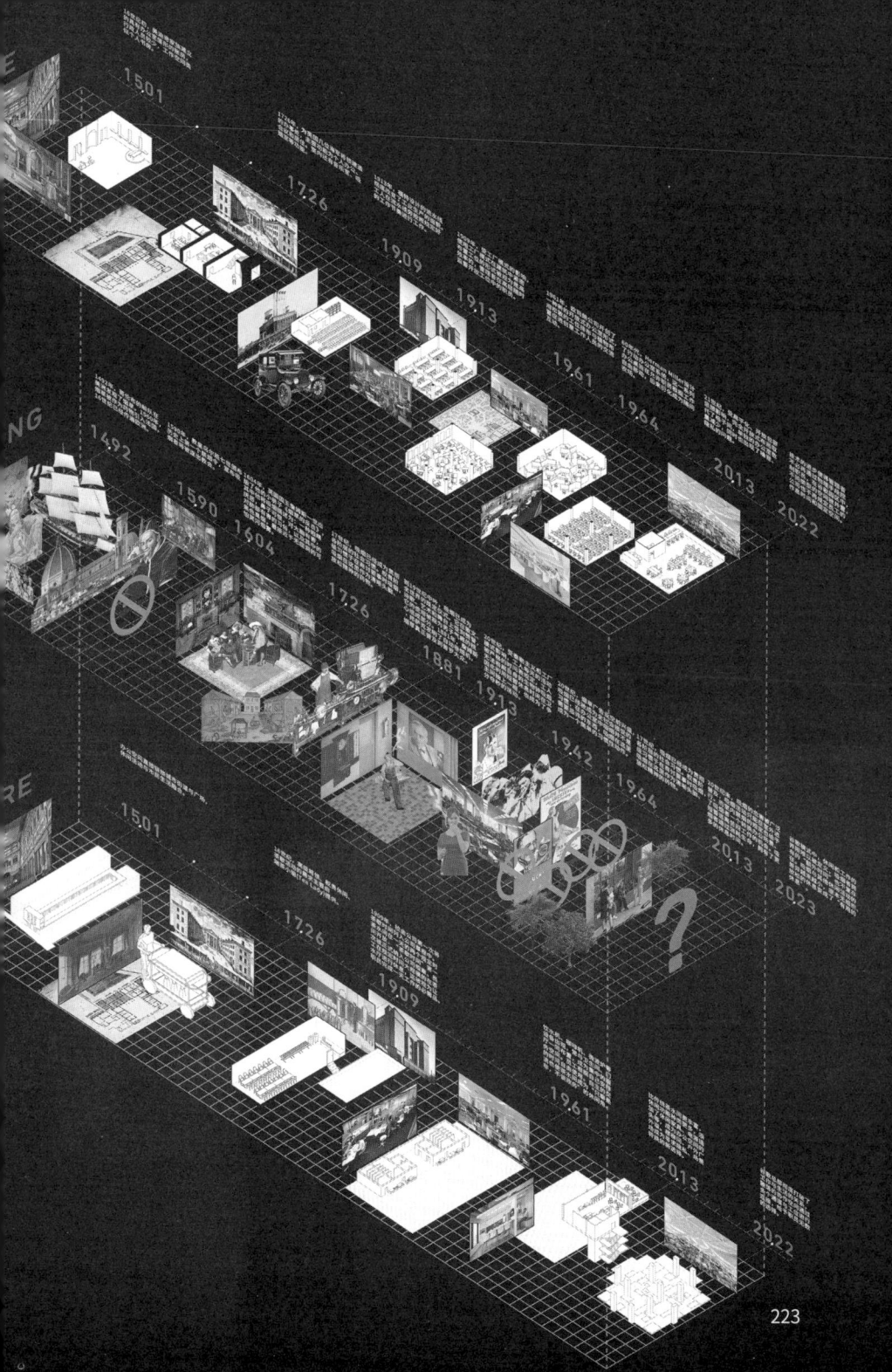

理论引入：吉尔·德勒兹与"控制社会"

1990 年，吉尔·德勒兹在《控制社会后论》一文中提出，彼时的资本主义社会已经不是米歇尔·福柯笔下的"规训社会"，而是进入一个控制社会。在控制社会中，控制系统会根据个体的数据自动将个体进行阐释和分类，分类的标准来自与个体相似的群体，而个体通往未来的途径则被机器的决定所制约。控制社会的生动体现便是办公自动化（OA 系统），在 OA 系统的应用下，职员在公司的一举一动都成了可量化的数据，尤其在人工智能、物联网等技术兴起的现在，更多微小的、庞杂的数据被纳入系统，这些数据被分类、分析，最终影响决策，OA 系统的权限越来越高，既可以决定全公司的战略布局，也可以涉及员工的生活习惯。这使得社会各界的管理者不需要利用规训社会中的封闭空间、时间进行管理，而是使用数据收集与分析自动地对员工进行调节与管理。居家办公、游牧办公、非正式办公等新办公形态被视为控制社会预言的实现。

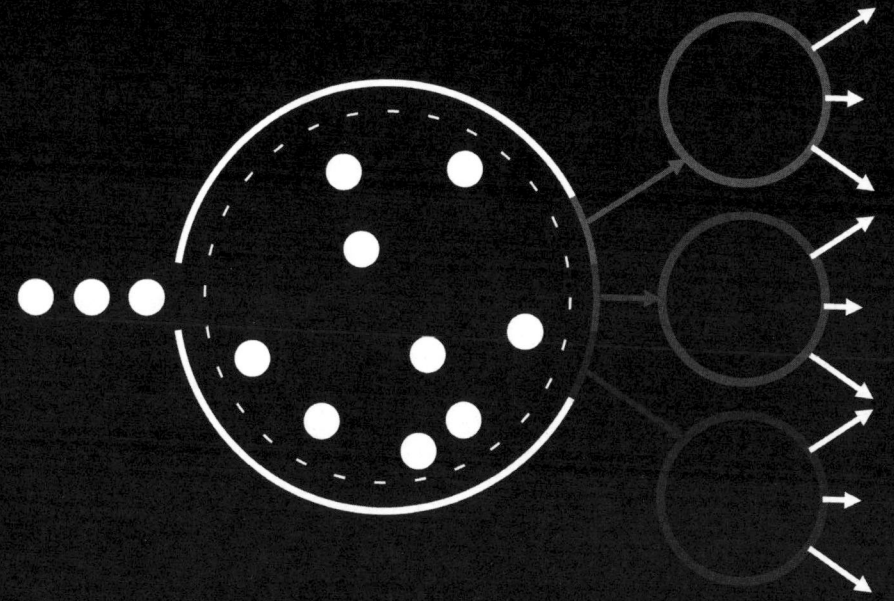

控制社会原理图

理论引入：控制社会与吸烟室

从"控制社会"的视角来理解，吸烟室的演变可以视为规训空间的部分消亡。过去的吸烟室设置在各层的固定空间，管理者可以轻松地通过固定而封闭的空间严格限制吸烟室使用者的路径、时间和数量。新的控制方法将工作的边界拓展到个人生活中，管理者已经不需要限制空间使用者，也不用限制职员离开工位的时间。

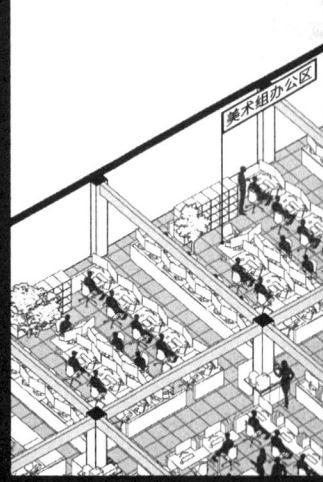

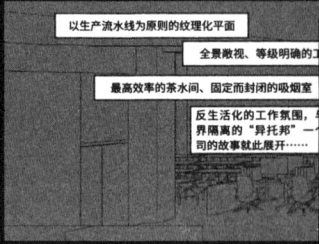

以生产流水线为原则的纹理化平面

全景敞视、等级明确的工

最高效率的茶水间、固定而封闭的吸烟室

反生活化的工作氛围，<!--
界隔离的"异托邦"—
司的故事就此展开……

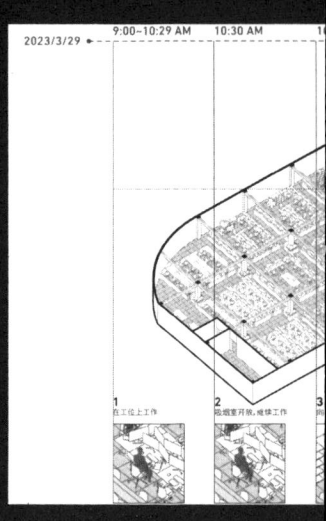

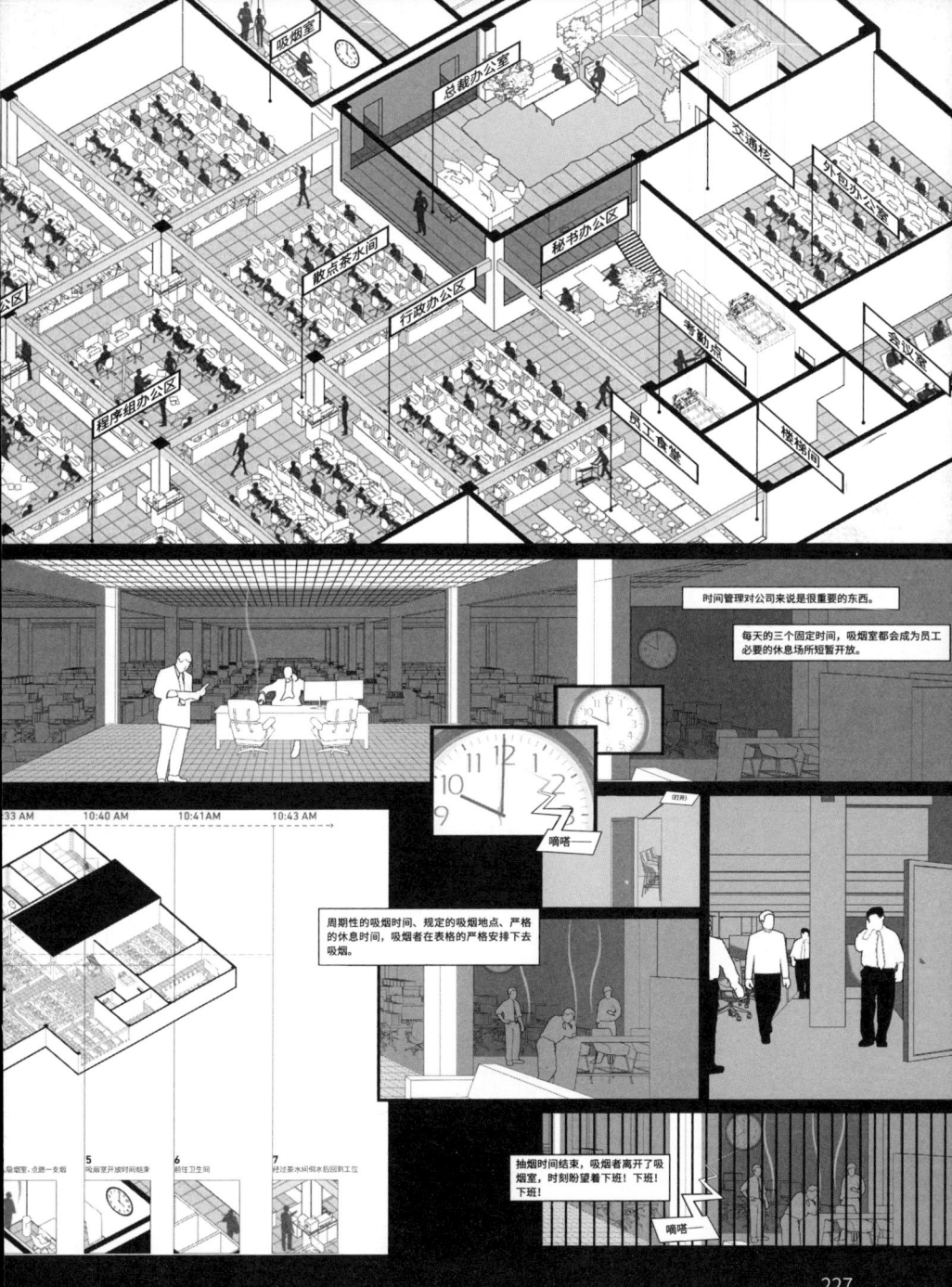

本真的休闲
工业革命前,办公空间类似于书房,休闲活动以追求身体放松和个人提升为主。

工业时代的休闲
工业生产追求效率。新的管理模式、完善的工资制度将休闲效率也纳入管理计划中。休闲是为了更好地提升办公效率。

休闲异化 I

工作者从无组织地、自由地掌握非劳动时间,转变为在被时间表限制。

信息时代的休闲

在信息技术高速发展的今天，非正式办公、非正式会议成为常态，休闲和工作之间的界限逐渐模糊。

休闲异化 II

在休闲工作化、工作场景生活化的趋势下，休闲活动被工作时间"异化"。

愿景：休闲协作主导的未来办公模式

在重复性工作被人工智能高度取代的未来，人们不再需要长时间停留在工位上，而是更频繁地往返于激发灵感的协作空间、休闲空间中。非正式办公、非正式会议等场景将成为工作的主要部分。因此，定义一个好员工的标准也许将取决于参与休闲活动的积极性。OA 系统在监测职员工作、绩效的同时，也需要密切关注工作人员的"休闲指标"。

策略：满足休闲需求的办公空间

设计旨在探讨未来办公空间的模式，提出一种可能的原型空间。设计部分以建筑的方式呈现休闲的异化。九个核心筒内是开放式的工作空间，外侧则是悬吊结构承载的休闲空间。

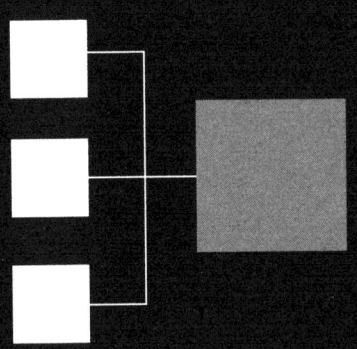

办公空间与休闲空间分离
通过固定路径连接

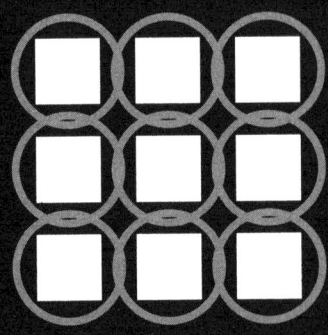

休闲空间侵入办公空间
通过多重路径连接

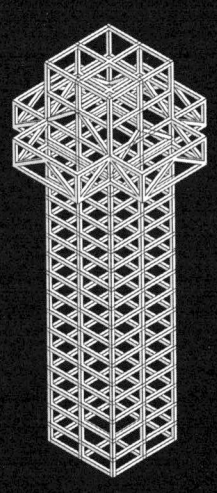

容纳办公空间的核心筒

外围悬挂结构容纳休闲空间

休闲空间与办公空间完全融合

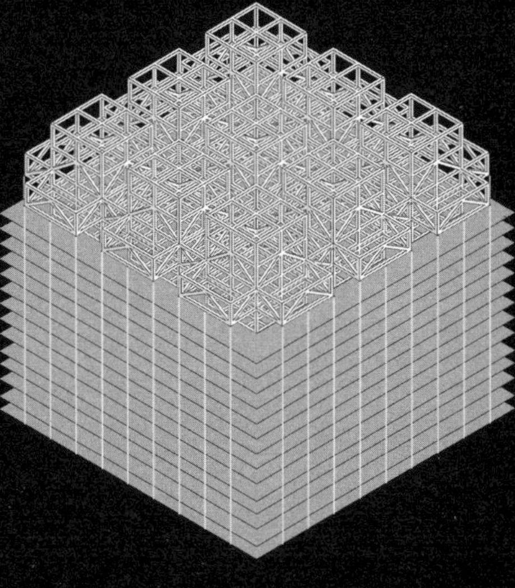

九个核心筒组合为建筑体量

策略：满足休闲需求的办公空间

休闲空间以 3m×3m 方格为模块进行设计，容纳多种非正式办公、非正式会议与混合休闲活动空间。

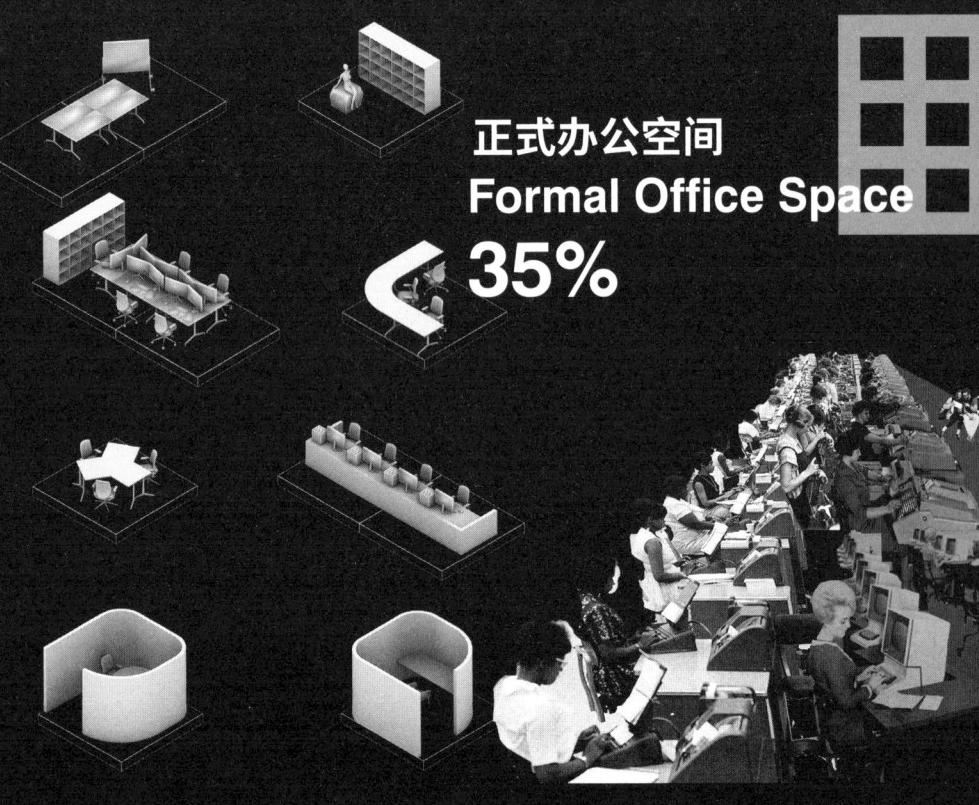

顶层乐园

结构层、自然游径、吸烟区

员工食堂

室内农场、食堂

标准层

开放办公空间、协作区、茶歇区、会议室、活动室、游戏区、酒会区、个人工作站、咖啡厅、阅览室、培训室

健身空间

健身房、空中跑道、攀岩墙、开放办公空间、协作区、茶歇区

标准层平面

在标准层中,九个办公核心筒周围置入交通核,散布自由的休闲空间,容纳不同的协作、非正式办公、非正式会议、茶歇等活动空间。

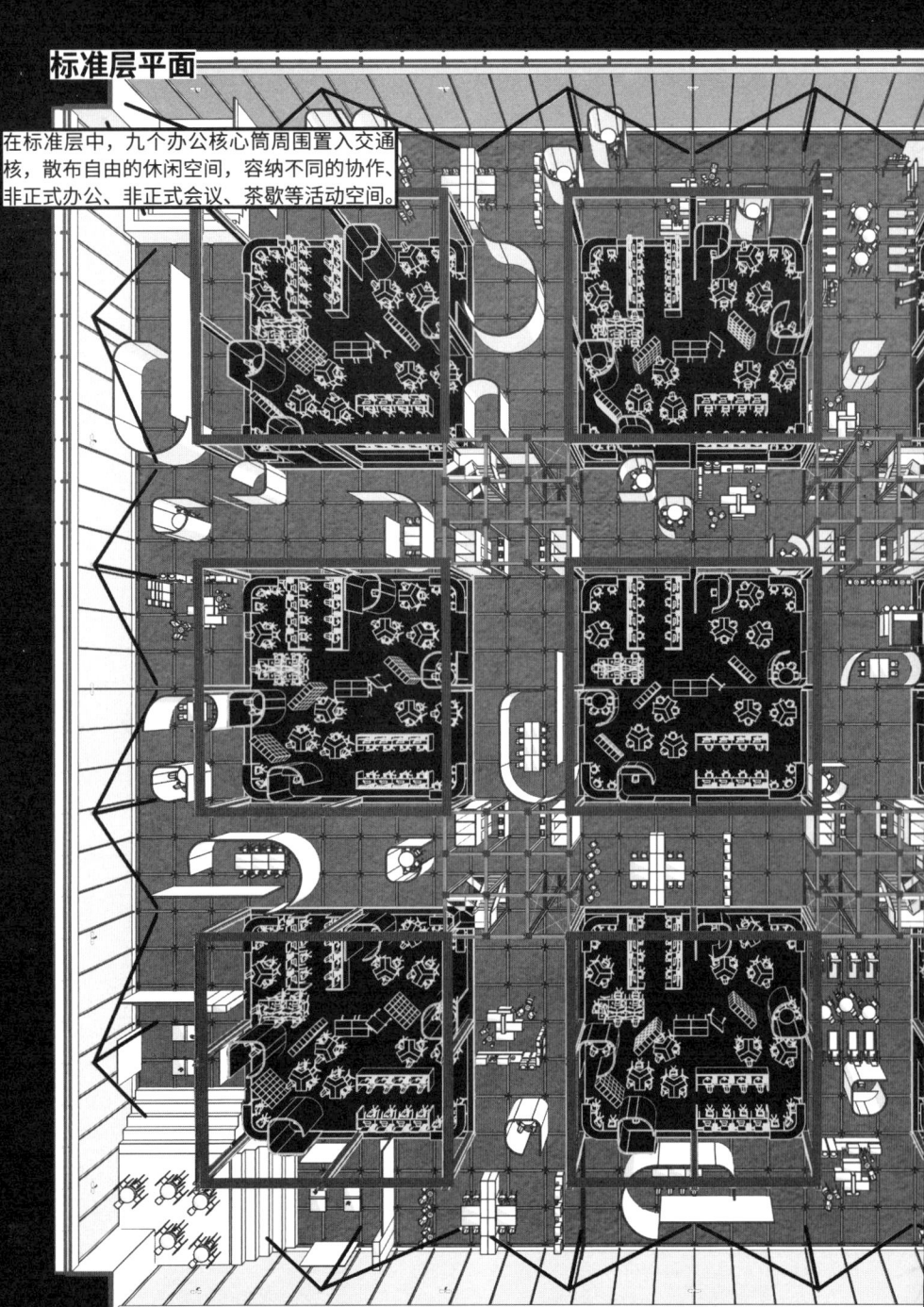

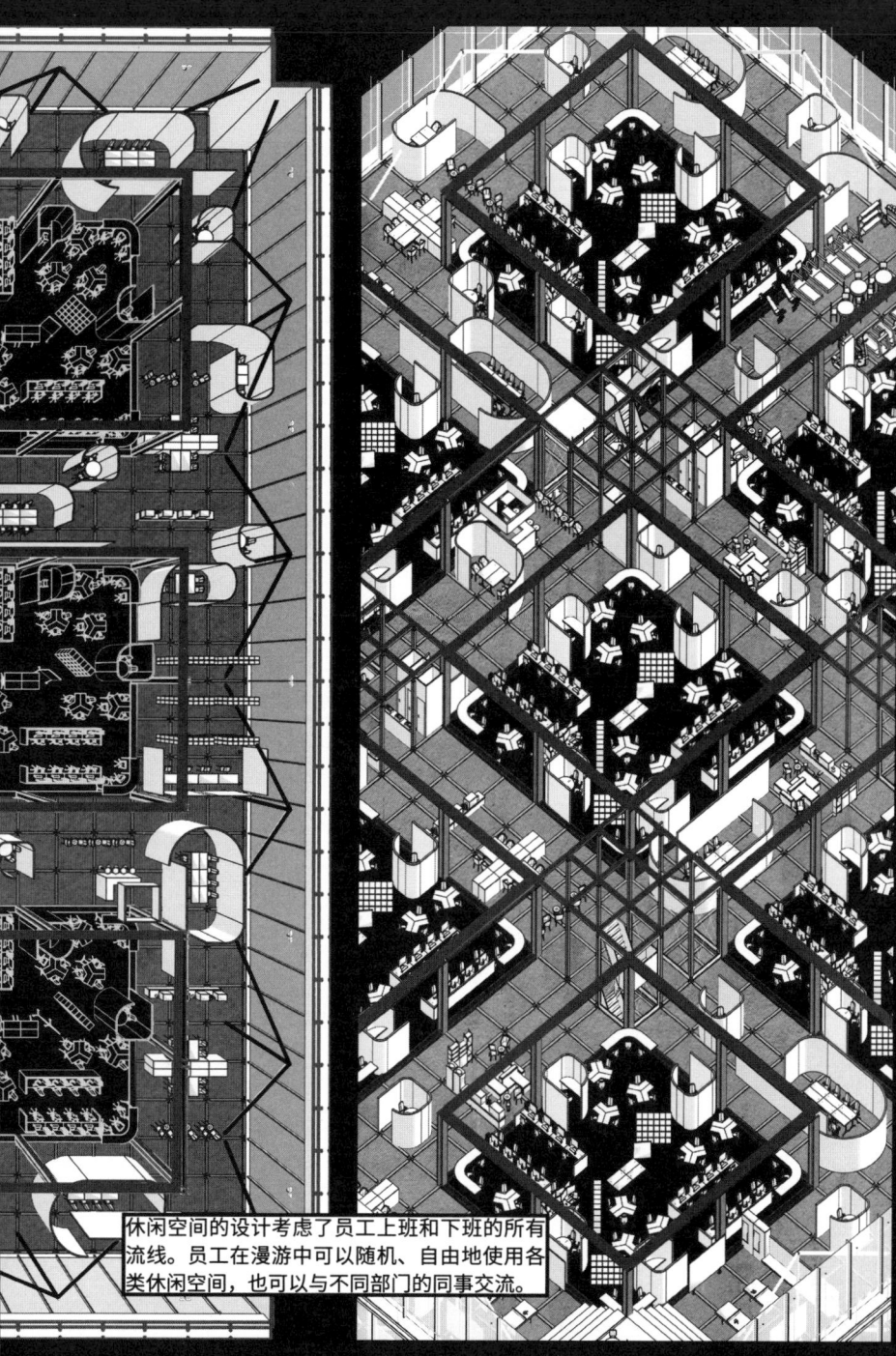

休闲空间的设计考虑了员工上班和下班的所有流线。员工在漫游中可以随机、自由地使用各类休闲空间,也可以与不同部门的同事交流。

运动层平面图

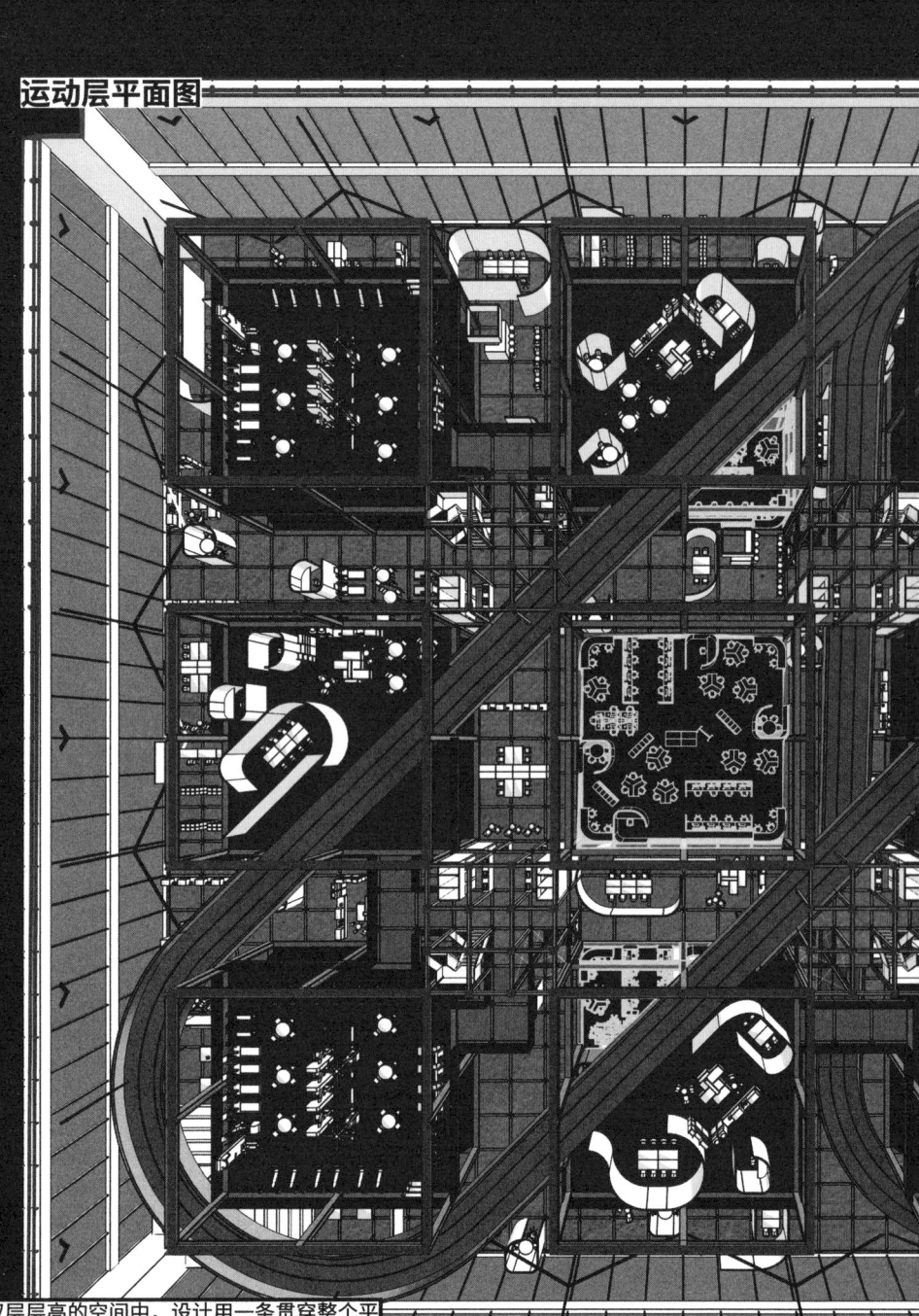

双层层高的空间中,设计用一条贯穿整个平面的跑道"串连"起各个办公功能区。

食堂层平面图

在食堂层,取餐区、用餐区设置在外围的八个核心筒中,中心的核心筒是一个室内农场。

随着休闲的异化，休闲活动成了建筑中功能需求的必需品，成了"有用的休闲。"员工休闲的状态被公司利用起来、员工间的交流被管理系统利用起来，甚至员工在休闲空间中活动产生的能量也能被利用起来。这些被有效利用的休闲活动，成为供给办公建筑活力的源源不断的"能量"。

评语

Critic

科创帝国
——科创孵化基地的知识生产与日常生活

张津萌和杨亮东同学对松山湖机器人孵化基地进行了深入、细致的观察和解析，将科创孵化的完整流程展开，解读五个阶段团队的构成、特点及其与明星领袖之间的不同关系，并剖析每个阶段办公场景之中人、物与空间之间的互动，最终以生产与非生产空间为线索，探讨二者对于孵化效率提升的作用。在办公（生产）空间的发展过程中，生产与非生产是一组重要的概念，非生产空间是"知识生产者"与"体力工作者"工作环境的主要区别之一。城郊办公园区的模式是对于《玩乐时间》中现代办公场景的一种批判，而对以从事科技创新工作的年轻创业人员为主的科创基地而言，则在此基础上提供了一种介于公司与大学之间的新模式。两位同学从研究到设计的逻辑清晰，并选择古罗马帝国的建筑原型对科创基地进行演绎和反思。

共生社区
——"关系丛"语境下的游戏研发中心设计

唐欣慧同学关注游戏生产中的公司与独立团队的合作模式。根据对游戏行业的文献研究和对某游戏公司的个案调查,她梳理了游戏研发的三种形式,即作坊式生产、商业化生产、工业化生产,并认识到针对独立游戏的开发往往需要比较灵活的生产合作模式。随着对社会学、人类学的相关文献拓展阅读,她认为这种游戏合作开发的组织及其与外部环境的关系可以借鉴项飚《跨越边界的社区:北京"浙江村"的生活史》中的社区—产业型社会空间模式。在立体网格中组织开源共创团队、兴趣圈、公司孵化团队、运营管理团队、公司项目组等。不同部分具有相应的私密与开放程度。唐欣慧同学在空间原型上参照了罗宾·埃文斯在《人物、门与通道》一文中的精彩论述,并提出了一种游戏研发共生社区模型的可能性。

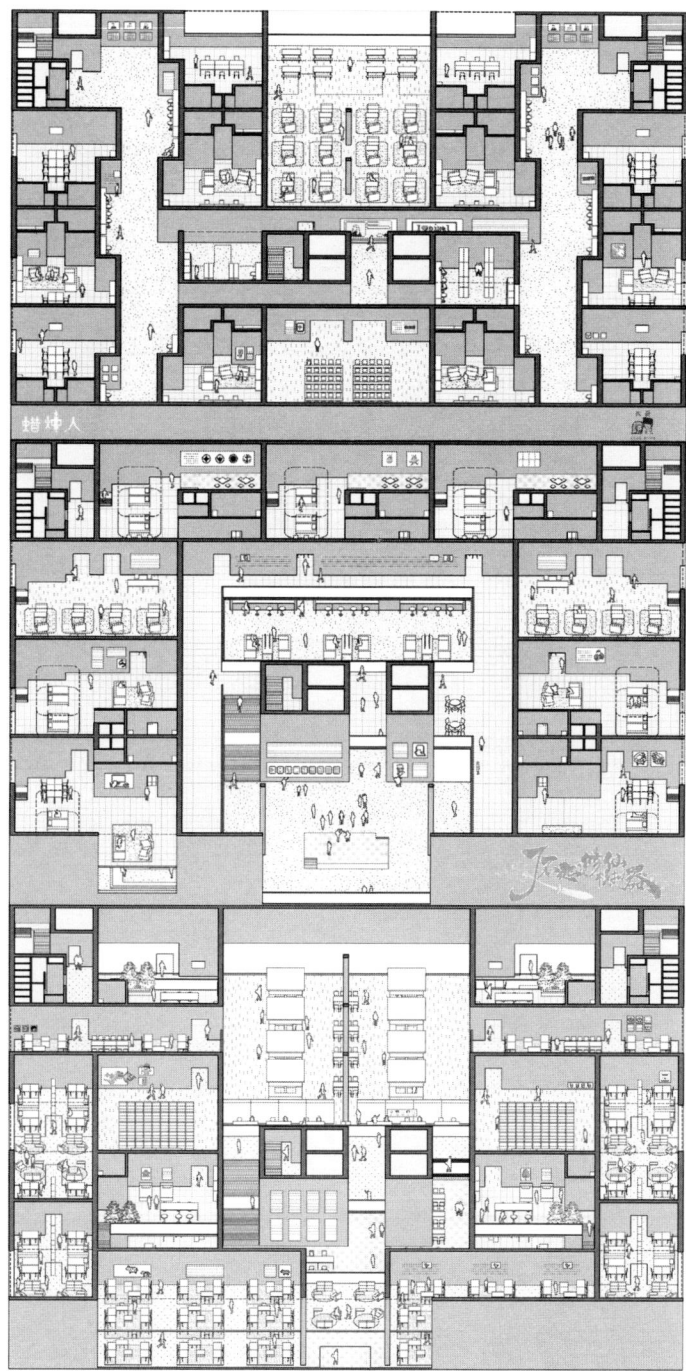

共栖社区
——游戏生产中开源社区的二维知识框架和空间模式

陈梓洵同学的"共栖社区"与唐欣慧同学的"共生社区"是一组可以形成对照的研究方案。"共栖社区"关注的是游戏公司与开源社区如何互利共生。设计提出在人工智能"去人工化"游戏生产的背景下,"公司"和"开源社区"作为两种平行平等的系统共同生产的模型。它们在各自的系统内部分别呈现科层制和扁平化的空间模式,而两个系统之间的边界是一个有厚度的空间,为交流合作提供多样的场景,最终产生一个"三明治"的模型。

休闲的异化
"控制社会"理论视角下的游戏公司设计

陈俊睿同学在前期关于游戏公司的调研中逐渐聚焦工作人员的休息情况,以在办公楼外吸烟的人为线索深入展开田野调查,从而开始思考休闲与工作的辩证关系,并通过对米歇尔·福柯与吉尔·德勒兹的理论的阅读,理解当代工作环境中的控制逻辑和休闲的异化现象。他以批判性设计的方式,探讨在人工智能高度取代重复性工作的未来,建筑空间如何再次重新定义工作与休闲的关系。在新的公司模型中,"休闲指标"成为定义"好员工"的标准,强调休闲活动的生产性,建筑则成为一个"机器",将休闲过程中产生的能量、垃圾等进行循环利用,成为建筑运行和公司运转的能源。该研究和设计提供了一种社会 – 空间模型以及反思的基础。

图书在版编目（CIP）数据

空间与机制：设计作为批判性思考的媒介 = Space and Mechanism Design as Critical Thinking / 廖橙，许牧川，陈瀚编著 . -- 北京：中国建筑工业出版社，2024.10. -- ISBN 978-7-112-30438-7

Ⅰ . TU2

中国国家版本馆 CIP 数据核字第 20245FP502 号

数字资源阅读方法：

本书提供部分图片的电子版 / 彩色版作为数字资源，读者可使用手机 / 平板电脑扫描右侧二维码后免费阅读。

操作说明：

扫描右侧二维码 →关注"建筑出版"公众号 →点击自动回复链接 →注册用户并登录 →免费阅读数字资源。

注：数字资源从本书发行之日起开始提供，提供形式为在线阅读、观看。如果扫码后遇到问题无法阅读，请及时与我社联系。客服电话：4008-188-688（周一至周五 9:00—17:00），Email：jzs@cabp.com.cn。

责任编辑：李成成
版式设计：陈　瀚　廖　橙
封面设计：史春生
责任校对：王　烨

空间与机制　设计作为批判性思考的媒介
Space and Mechanism Design as Critical Thinking
廖橙　许牧川　陈瀚　编著
*
中国建筑工业出版社出版、发行（北京海淀三里河路 9 号）
各地新华书店、建筑书店经销
北京雅盈中佳图文设计公司制版
北京中科印刷有限公司印刷
*
开本：880 毫米 ×1230 毫米　1/32　印张：$8\frac{1}{8}$　字数：233 千字
2024 年 12 月第一版　2024 年 12 月第一次印刷
定价：**59.00** 元（赠数字资源）
ISBN 978-7-112-30438-7
　　　　（43782）

版权所有　翻印必究
如有内容及印装质量问题，请与本社读者服务中心联系
电话：（010）58337283　QQ：2885381756
（地址：北京海淀三里河路 9 号中国建筑工业出版社 604 室　邮政编码：100037）